Deepen Your Mind

前言

在現代社會當中，半導體可以說是深深地影響著人類的生活，舉凡我們日常生活中所用的家電產品，甚至是你玩的手機或電腦等 3C 產品，幾乎每一樣都跟半導體脫離不了關係。

很多人都聽過半導體，尤其是打開新聞，幾乎天天都有半導體（或晶片）的相關消息，但現在問題來了，聽過歸聽過，但知道這裡頭道道的人卻不多，這主要是因為半導體是一門涉及到諸多領域的專業技術，也因此，作者試著透過本書，希望以淺顯易懂的方式來讓大家稍微地了解一下半導體到底是個什麼樣的東西。

半導體這門技術所涉及到的學科很廣，就半導體的研發製造與實際應用上，除了有物理、化學、化工與材料等專業領域之外，更涵蓋了電子、電機、通訊與資工；而在人文社會上，半導體更涉及到了軍事、國防、商業與政治等諸多領域，簡而言之，半導體所涉及到的範圍之廣那幾乎是無法估計。

想掌握半導體，那要學習的東西可多著，而我不得不說，這根本看不盡也學不完，一個人在一生之中不可能學完與半導體相關的所有知識，以例如 IC 來說，這世界上的 IC 實在是太多了，但話雖如此，IC 的種類雖然繁多，但其根本規則依然是有律可循，本書的重點並不是教各位這世界上有多少種從半導體所衍伸出來的相關產品，而是告訴大家，想要入門半導體，你必須得具備什麼樣的基本知識，並且從中了解大概與掌握本質，正所謂萬變不離其宗，變化再多端的產品，一定也逃不出基本的原理原則，而本書講的，就是這個原理原則。

所謂的科學，指的是一種具有系統性的知識體系，而每一門科學都有其基本問題在，而這些基本問題，宛如修得絕世武功之前的蹲馬步般地重

要，我認為，在學習基本問題之時，除非你學習的對象是數學，不然不需要去探討什麼高深學理與數學運算，那完全不切實際，我們先了解我們要學習的對象是什麼，並且一步一步地把基礎觀念打好這樣就夠了。

本書的定位是基本問題，基本問題的意思是說，想要入門半導體需要學習哪些基本知識，而為了方便大家學習，我把半導體的學習領域給分成了兩大部分，分別是：

- 第一部分：屬於半導體的應用，內容涉及到電子、電機、通訊與資工等領域。
- 第二部分：屬於半導體的原理，內容涉及到物理、化學、化工與材料等領域。

而我在前面也說過，半導體不是只涉及到上面那兩個部分而已，同時也涉及到軍事、國防、商業與政治等人文領域，所以如果各位在閱讀完本書之後，對於半導體在人文領域方面有興趣的話，建議可以去找找這部分的書籍來閱讀補充，如此一來，更可以擴大各位對於半導體的認知與視野。

對有學習過半導體的讀者們來說，我相信很多人的學習經驗應該是不太愉快，因為除了得了解半導體物理學之外，事前還得先修過量子物理學（或者是量子力學），我知道量子物理學是一門非常抽象而且又深奧難懂的學問，但由於量子物理學發展了固態物理學，並且預言了半導體的存在，為日後的電晶體提供了一個理論基礎，所以半導體能夠有今天，完全可以說是拜量子物理學所賜。

再加上近年來，國外已經有廠商成功地開發出以量子物理學或量子力學為基本原理的量子計算機，量子計算機在執行原理上與傳統的半導體完全不同，而想要學習量子計算機之前，就必須得先學習量子物理學與量子力學，但要學習這兩門學問那談何容易啊，可不是隨手摸個兩本科普的書就能夠學會。

在我當學生之時，只要一講到量子這兩個字，別說學生，就連老師也逃之夭夭，我不得不說，量子物理學與量子力學真的是非常困難，而且相當難以學習，就連這方面的許多專家也不一定能夠弄清楚這量子物理學到底是怎麼一回事。

緣此，我特地在本書當中加上了量子物理學的基本知識，至於數學方面則是盡量使用簡單的方式來描述，主要是我想用一種比較簡單的方式來撰寫量子物理學，因此本書跟專業的量子物理學與專業的量子化學教科書相比起來，內容沒有很難，僅僅講個基本概念而已，所以請各位帶著輕鬆愉快的心情來閱讀即可，如果真的遇到不懂的地方可暫時先跳過，等全書讀完一次之後再來重新閱讀。

由於本書作者的學識相當有限，再加上年紀漸長，且本書主題異常困難並橫跨多個領域，寫作中常感力不從心，所以本書是在作者心力交瘁之下所完成，因此書中難免有錯，以及對於這種主題難度甚高的書籍來說，我想我實在是很難寫出一本百分之百完全都沒有錯誤的書籍，因此書中難免有錯誤與不足之處，關於這點，還請各位讀者們多多包涵，而書中錯誤的部分，我會在本書上市後放到本書社團上當勘誤表讓各位下載使用：

www.facebook.com/groups/TaiwanHacker/

半導體與量子物理學的知識實在是無止無盡，所以，我也會在本書的社團上繼續撰寫有關於半導體與量子物理學的相關基本知識，有興趣的各位可以下載來看，最後，各位也可以來信與作者交流：

polaris20160401@gmail.com

以上
北極星代表人

PS：本書也簡介了量子化學的基本概念，所以如果拾起本書的各位若具有化學、生物學、生命科學、農業、醫學與分子醫學等相關背景，本書的量子化學部分也可以斟酌參考。

目錄

01 積體電路與半導體基本元件概說

02 半導體記憶體概說

03 與 CPU 有關的半導體元件概説

04 量子物理學簡介

05 量子物理學的課後補給

06 量子物理學的進階基礎

07 量子物理學的進階應用 - 量子化學概論

08 晶體科學概説

09 半導體材料概説

10 半導體製程概說

11 其他常見的半導體元件

12 半導體與晶片漏洞概說

積體電路與半導體
基本元件概說

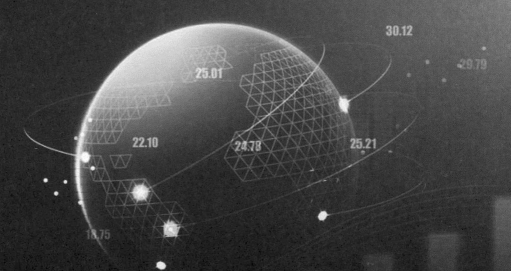

1.1 引言

　　半導體製程的最後目的就是要把積體電路也就是俗稱的 IC 給製造出來：

▲ 積體電路/IC (此圖引用自維基百科)

　　那你會問，既然半導體製造商花費了那麼多的成本來製造 IC，那 IC 到底是應用在哪裡？

　　跟各位講，IC 無所不在，舉例來說，當你用螺絲起子把電腦機殼給拆開之後你就會看到電路板，而電路板上面就會有像上圖那樣一片黑色的方形裝置，那個方形裝置就是 IC。

　　以目前的現代社會來說，只要是家電產品，除了設計構造非常簡單的家電產品之外，幾乎所有的家電產品裡頭都有 IC，有興趣的各位可以把家裡頭的家電產品給拆開來看看，看裡頭是不是都有 IC？

　　其實 IC 不只是應用在家電產品當中，在國防軍事武器裡頭也會看到，不但如此，有的 IC 還設計成具有特殊的功能，例如大家打遊戲時最重要的 GPU 圖形處理器（Graphics Processing Unit）以及目前最新流行的 AI 晶片等等，而我們的故事，就是從這裡來開始說起。

本文參考與圖片引用出處：

* https://ja.wikipedia.org/wiki/%E9%9B%86%E7%A9%8D%E5%9B
  %9E%E8%B7%AF

1.2 類比訊號與數位訊號的簡介

在講解類比訊號與數位訊號的基本概念之前，讓我們先來看看汽車上的儀錶板，各位可以看到，儀錶板上的時速目前約 100 KM 左右：

(此圖引用自維基百科)

而有開過車的各位一定都知道，只要你踩油門或踩剎車，此時儀表板上的速度也一下升或一下降，但不管怎麼跑，儀表板上的指針一定都是「呈現連續變化」，也就是說，儀表板上的指針不會在 50KM 之時就立刻跳到 100KM 之處，而中間卻不會經過其他像是 51KM、52KM、53KM、60KM、61KM、62KM、70KM、71KM..等等的速度之後就直接到達了100KM 的地方。

在上面的例子當中，像速度這種具有連續性變化的資訊就是類比訊號，類比訊號可以藉由圖形來表達，例如下圖中的正弦函數：

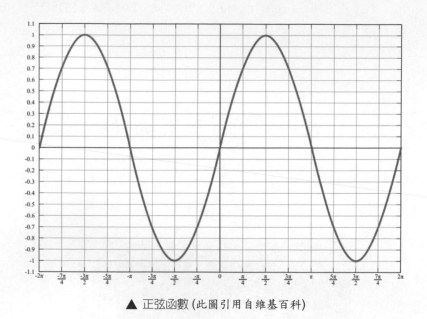

▲ 正弦函數 (此圖引用自維基百科)

在自然界裡頭，許多的物理量都屬於類比訊號，例如：電壓、電流、溫度以及壓力等，當然還有我們在上面所提到儀表板上的速度等等，這些全都是屬於類比訊號。

而數位訊號則是使用 0 與 1 來傳遞訊息，例如兩顆分別刻有 0 與 1 的印章可輸出一串文字「APPLE」，其中 A 代表 00000，後面以此類推：

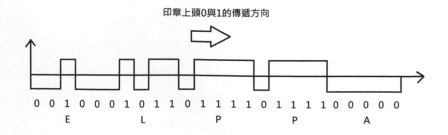

像這種一下高一下低,且「**呈現不連續變化**」的訊號就是數位訊號,而數位訊號常見於電子電路所呈現出來的波形。

> 📝 本文參考與圖片引用出處:
>
> * https://zh.m.wikipedia.org/zh-tw/%E6%B1%BD%E8%BB%8A%E5%84%80%E8%A1%A8
>
> * https://zh.wikipedia.org/wiki/%E6%AD%A3%E5%BC%A6

1.3 積體電路的分類-類比積體電路

了解了類比訊號與數位訊號的簡介之後,接下來就讓我們回到積體電路。

積體電路根據功能上的不同,可以分成下列三種,分別是:

1. 類比積體電路(Linear Integrated Circuit)
2. 數位積體電路(Digital Integrated Circuits)
3. 混合訊號積體電路(Mixed-Signal Integrated Circuit)

而本節,就是要來講解類比積體電路。

那什麼是類比積體電路呢?所謂的類比積體電路指的是可以處理類比訊號的積體電路,例如控制電壓與電流等,並且在功能上主要有三種,分別是:

1. **具有開關的功能**:例如把電子電路當中的狀態給切換成通路或斷路:

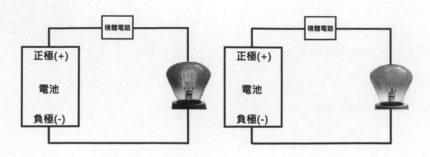

▲ 具有開關功能 (此圖部分引用自維基百科，並由作者修改)

2. **轉換**：把電子訊號（下圖 A）與無線訊號（下圖 B）給互相轉換：

▲ 具有轉換訊號功能 (此圖部分引用自維基百科，並由作者修改)

以手機為例，當你使用手機之時，手機所接收到的無線訊號透過類比積體電路給轉換成電子訊號，接著手機內部處理電子訊號，然後把電子訊號透過類比積體電路給轉換成無線訊號，最後把無線訊號給傳送出去。

3. **放大**：具有把訊號給放大的功能：

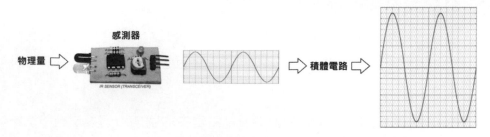

▲ 具有放大訊號功能 (此圖部分引用自維基百科，並由作者修改)

　　在上圖當中，當感測器從外界偵測到物理量（例如溫度）之時，由於這些訊號通常都很微弱，因此透過類比積體電路之後，便可以把這些微弱的訊號給放大。

📝 **本文參考與圖片引用出處：**

* https://en.wikipedia.org/wiki/Sensor

* https://zh.wikipedia.org/wiki/%E6%AD%A3%E5%BC%A6

* https://de.wikipedia.org/wiki/Gl%C3%BChlampe

1.4 積體電路的分類-數位積體電路

　　前面，我們講解了類比積體電路的三個主要功能，而本節，我們要來講的是關鍵到整個電腦工業發展的重要積體電路，也就是本節的主題-數位積體電路。

　　講數位積體電路可能大家都不曉得，但講 CPU 的話大家一定都知道，沒錯，數位積體電路的典型例子就是 CPU：

▲ 數位積體電路/CPU (此圖引用自維基百科)

CPU 的功能就是負責執行運算，如果用人類來比喻的話，CPU 就相當於人類的大腦。

本文參考與圖片引用出處：

- https://en.wikipedia.org/wiki/Central_processing_unit

1.5　積體電路的分類-混合訊號積體電路

在前面，我們簡介了類比積體電路與數位積體電路之後，我相信一定有讀者會問，有沒有把類比積體電路與數位積體電路給結合在一起的積體電路？答案是有的，那就是本節的主題-混合訊號積體電路，讓我們來看看下圖：

▲ 混合訊號積體電路 (此圖引用自維基百科)

上圖是混合訊號積體電路的範例產品，其中：

- 右圖：由德州儀器所生產的 MSP430，MSP430 是 16 位元混合訊號單晶片。

- 左圖：Programmable System-on-Chip, PSoC，中文名稱為可程式化單晶片系統。

　　這兩項產品的最大特色就是把類比積體電路與數位積體電路給結合在一起，也因此，製造這種積體電路所需要的專業性也相當高，目前混合訊號積體電路的測試設備供應商有 Teradyne 與 Agilent Technologies 兩家。

> 📝 本文參考與圖片引用出處：
>
> - https://zh.wikipedia.org/wiki/%E5%8F%AF%E7%BC%96%E7%A8%8B%E7%89%87%E4%B8%8A%E7%B3%BB%E7%BB%9F
>
> - https://en.wikipedia.org/wiki/TI_MSP430

1.6　場效電晶體簡介

　　現在，讓我們來看一下電晶體（以下以 NPN 為例，並引用自維基百科）：

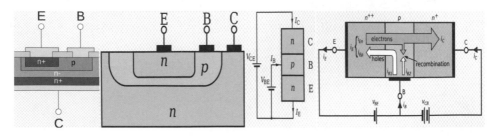

(此圖均引用自維基百科)

　　在上圖當中，電晶體的電極分別是基極 Base（簡寫 B）、集極 Collector（簡寫 C）以及射極 Emitter（簡寫 E）等三種，而從電晶體所衍伸出去，並使用電場來控制電流的電子元件，也就是本節的主題場效電晶體（Field-Effect Transistor，簡寫為 FET）。

場效電晶體的基本構造與原理原則上跟電晶體一樣，讓我們來看看下圖：

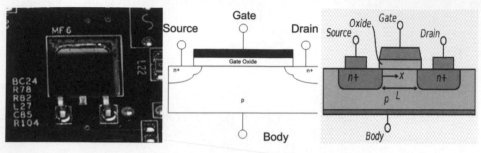

(此圖均引用自維基百科)

場效電晶體也有電極，分別是閘極 Gate（簡寫 G）、汲極 Drain（簡寫 D）以及源極 Source（簡寫 S）等三種，但話雖如此，場效電晶體卻還有第四個電極，而這第四個電極被稱為體 Body（或基 Base、塊體 Bulk以及基板 Substrate）。

我們對於場效電晶體的了解只要知道這樣就夠了，因為接下來的金屬氧化物半導體場效電晶體（Metal-Oxide-Semiconductor Field-Effect Transistor，簡寫為 MOSFET，中文簡稱為金氧半場效電晶體）才是我們真正的主角。

📝 本文參考與圖片引用出處：

- https://zh.wikipedia.org/wiki/%E5%8F%8C%E6%9E%81%E6%80%A7%E6%99%B6%E4%BD%93%E7%AE%A1

- https://en.wikipedia.org/wiki/Field-effect_transistor

- https://zh.wikipedia.org/wiki/%E5%9C%BA%E6%95%88%E5%BA%94%E7%AE%A1

1.7 金屬氧化物半導體場效電晶體的工作原理簡介

金屬氧化物半導體場效電晶體也就是 MOSFET 是目前整個半導體製造的核心產品，看我們來看張圖：

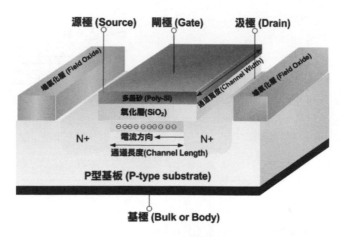

▲ 金屬氧化物半導體場效電晶體/MOSFET (此圖引用自維基百科)

看完了上面那張圖之後，可能各位會覺得很頭痛，要怎麼理解上面那張圖？沒關係，讓我們先來看個情境，假設現在河川的上游有一個水源，這水源外接一個通道，且通道上有一個水閘，當水閘一關起之時，上游水源的水是無法往下游的儲水區流過去，情況如下所示：

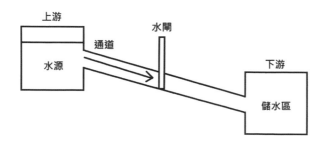

但如果水閘開起的話,這時候上游的水便可以往下游的儲水區流過去,情況如下所示:

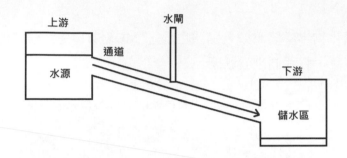

MOSFET 的工作原理也是一樣,讓我們來看張表:

故事情境	MOSFET
水源	源極 Source(S)
水閘	閘極 Gate(G)
儲水區	汲極 Drain(D)
水	電子

其實就中文的意思來講,源極、閘極與汲極這三個名詞是有其意義的,讓我們來看看:

- 源:根本、源頭的意思。
- 閘:就是一種開關。
- 汲:自井中取水的意思。

所以三者的名稱可以對應到水流的情況,而水流的情況也可以拿來比擬 MOSFET 的工作原理。

> ✍️ 本文參考與圖片引用出處：
>
> - https://zh.wikipedia.org/wiki/%E9%87%91%E5%B1%AC%E6%B0
>   %A7%E5%8C%96%E7%89%A9%E5%8D%8A%E5%B0%8E%E9
>   %AB%94%E5%A0%B4%E6%95%88%E9%9B%BB%E6%99%B6
>   %E9%AB%94
>
> - https://dict.revised.moe.edu.tw/index.jsp

1.8 金屬氧化物半導體場效電晶體的斷路狀態

　　上一節，我們以水流來簡介了金屬氧化物半導體場效電晶體的工作原理，而我們都知道，水能否流動，水閘扮演著很重要的關鍵角色，於是，根據水的流動與否，我們可以把水流的狀況給分成斷路與通路之分，同樣道理，金屬氧化物半導體場效電晶體也是一樣有斷路與通路之分，而本節要來講的就是斷路，讓我們來看下圖：

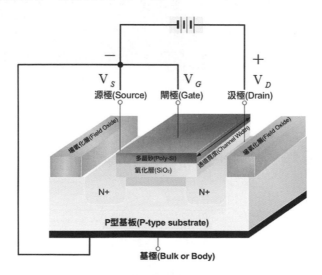

▲ MOSFET 的斷路狀態 (此圖引用自維基百科)

我們以前曾經說過，電晶體要形成斷路，最重要的條件就是藉由逆向偏壓來讓空乏區變大，這樣一來電晶體就無法導通，同樣道理，要讓上圖中的金屬氧化物半導體場效電晶體出現斷路的條件也是藉由逆向偏壓來讓空乏區變大，那怎麼做到這一點呢？

各位還記得外接電源吧？只要設計好外接電源，這樣一來，就能夠讓金屬氧化物半導體場效電晶體出現斷路，所以在上圖當中，只要我們對源極與閘極施以負電壓，而對汲極施以正電壓，這時候，源極與汲極之間就會出現逆向偏壓，而導致空乏區變大，此時電晶體便無法導通，也就是說，電子不能從源極流向汲極，此時，整個 MOSFET 的狀態就會呈現斷路。

📓 本文參考與圖片引用出處：

- https://zh.wikipedia.org/wiki/%E9%87%91%E5%B1%AC%E6%B0
  %A7%E5%8C%96%E7%89%A9%E5%8D%8A%E5%B0%8E%E9
  %AB%94%E5%A0%B4%E6%95%88%E9%9B%BB%E6%99%B6
  %E9%AB%94

- https://zh.wikipedia.org/wiki/%E9%9B%BB%E8%B7%AF%E7%A
  C%A6%E8%99%9F

1.9 金屬氧化物半導體場效電晶體的通路狀態

上一節，我們講解了金屬氧化物半導體場效電晶體的斷路狀態，而這一節，我們要來講解的是金屬氧化物半導體場效電晶體的通路狀態，讓我們來看看下圖：

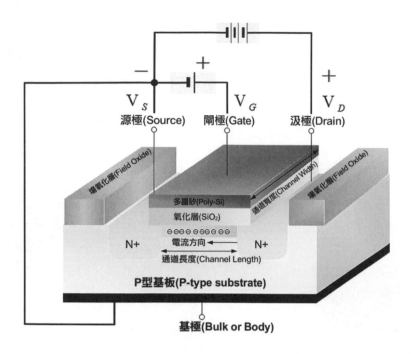

▲ MOSFET 的通路狀態 (此圖引用自維基百科)

　　要能夠讓金屬氧化物半導體場效電晶體產生通路，最關鍵的地方就是要在源極與汲極之間產生一個電子通道，讓電子能夠從源極流向汲極，而這情況就跟我們前面所討論過的水流情況一樣。

　　現在，讓我們來仔細觀察上圖，在上圖當中，P 型半導體包住了兩個 N 型半導體，所以這時候我們要想想，如何在這種情況之下，使得兩個 N 型半導體之間出現一個電子通道？

　　還是一樣，讓我們來使用外接電源來處理這件事情，首先，讓我們對閘極施以正電壓，這時候閘極下方的 P 型半導體裡頭的電洞會被排斥，電子會被吸引，而當電子被吸引之後，由於電子的上方有一個二氧化矽（SiO_2）的氧化層，而這氧化層擋住了電子，使得電子停留在一層固定的位置上。

接著，當閘極電壓越來越高之時，被吸引的電子會使得閘極下方的 P型半導體轉變成 N 型半導體，而這結果導致源極與汲極之間就會產生一個電子通道，也就是說，此時源極與汲極之間就會連接起來，這樣一來，電子就能夠從源極流向汲極，或者是說，產生一個由汲極流向源極的電流，也因此，整個 MOSFET 的狀態就會呈現通路。

📝 本文參考與圖片引用出處：

- https://zh.wikipedia.org/wiki/%E9%87%91%E5%B1%AC%E6%B0%A7%E5%8C%96%E7%89%A9%E5%8D%8A%E5%B0%8E%E9%AB%94%E5%A0%B4%E6%95%88%E9%9B%BB%E6%99%B6%E9%AB%94

- https://zh.wikipedia.org/wiki/%E9%9B%BB%E8%B7%AF%E7%AC%A6%E8%99%9F

1.10 金屬氧化物半導體場效電晶體的總檢討

在前面，我們已經對金屬氧化物半導體場效電晶體的斷路與通路，也就是所謂的 OFF 與 ON 做了個原理上的簡介，所以在此，我們要來對這些內容來做個總檢討。

一、「N+」的意義：在講解「N+」的意義之前讓我們先回到MOSFET 的結構圖：

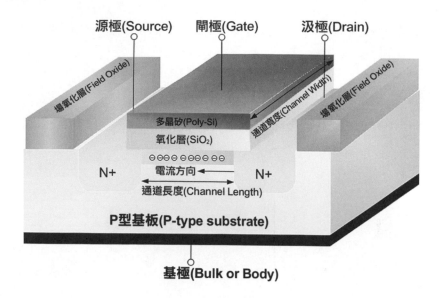

「N+」的意思如下：

1. 「N」表示雜質極性為 N。
2. 「+」表示高摻雜濃度區域（Heavily Doped Region）。

所以「N+」表示這個區域裡頭的電子濃度非常高。

二、閾值電壓（Threshold Voltage）：閾值電壓 V_{th} 又被稱為閾電壓或者是臨界電壓，我們曾經說過，對閘極施以正電壓，並且藉此來吸引電子的這件事情，也就是說，如果對閘極施以的正電壓很小，那這時候所能夠吸引到的電子就很少，因此就無法產生電子通道或者是汲極電流 I_D。

反之，如果對閘極施以的正電壓越來越大，且就在某一瞬間，電子通道產生，這時候使源極與汲極之間可以導通的電壓或者說是讓汲極可以開始產生電流的電壓我們就稱為閾值電壓或者是臨界電壓。

現在，就讓我們來歸納上面的內容：

1. 當閘極電壓 V_G > 閾值電壓 V_{th}：MOSFET 導通，也就是 ON。

2. 當閘極電壓 V_G < 閾值電壓 V_{th}：MOSFET 不導通，也就是 OFF。

PS ：「閾」音同「玉」。

三、MOSFET 也可設計成類比訊號放大器：在講解這件事情之前，讓我們先來看看下圖：

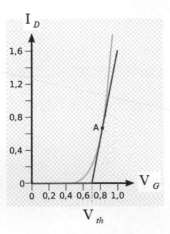

(此圖引用自維基百科)

在上圖當中我們可以看到，閘極電壓 V_G 與汲極電流 I_D 成正比，且當閘極電壓 V_G 達到某個定值之時，汲極電流 I_D 就會變得很大，因此，MOSFET 也可以用來設計成類比訊號放大器。

其實從前面的論述當中我們可以知道，閘極電壓 V_G 與電子通道的厚度和汲極電流 I_D 等都成正比，換句話說，當閘極電壓 V_G 越大之時，電子通道的厚度也會跟著越大，這時候所能夠吸引到的電子也就跟著越多，此時從汲極流向源極的電流當然也就跟著越大。

四、通道的類型因電晶體的種類不同而有所差異：在前面，我們是以 NPN 的 MOSFET 來做解說，所產生的（電子）通道是 N 通道，因此，像 N 通道這種 MOSFET 我們就稱為 nMOS。

　　但我們也知道，電晶體不是只有 NPN 而已，也可以設計成 PNP，所以如果是 PNP 的話，那這時候的載子就會是電洞而不是電子，且通道也不再是 N 通道，而是 P 通道（通道為正電荷），因此，像 P 通道這種 MOSFET 我們就稱為 pMOS。

　　五、nMOS 與 pMOS 的閘極電壓在性質上完全不同：我們在前面曾經說過，對 nMOS 上的閘極來施加正電壓之時，此時 nMOS 便會導通，但如果現在的情況是 pMOS 的話，那這時候就不能在閘極上來施加正電壓，而是要施加負電壓，如此一來，pMOS 才會導通。

　　最後，根據 MOSFET 通道種類的不同，而有不同的符號，讓我們來看看下圖：

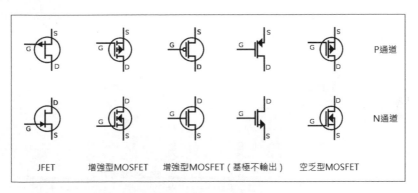

(此圖引用自維基百科)

✏️ 本文參考與圖片引用出處：

- https://de.wikipedia.org/wiki/Schwellenspannung
- https://zh.wikipedia.org/wiki/%E9%87%91%E5%B1%AC%E6%B0%A7%E5%8C%96%E7%89%A9%E5%8D%8A%E5%B0%8E%E9%AB%94%E5%A0%B4%E6%95%88%E9%9B%BB%E6%99%B6%E9%AB%94

1.11 CMOS 概說

現在，我們已經知道，MOSFET 基本上有兩種類型，分別是 nMOS 與 pMOS，那各位聰明的讀者們一定會想，既然 nMOS 與 pMOS 可以獨立運作，那此時如果把 nMOS 與 pMOS 這兩個玩意兒給組合在一起的話，那會產生什麼新玩意兒呢？

這新玩意兒就是本節的主題，同時也是半導體工業當中的當紅炸子雞-互補式金屬氧化物半導體（Complementary Metal-Oxide-Semiconductor，簡寫為 CMOS，中文簡稱為互補式金氧半導體），其中的 C 表示 Complementary，中文意思是「互補」。

在了解了 CMOS 的意義之後，接下來就讓我們一起來看看把 nMOS 與 pMOS 給組在一起的 CMOS 長怎樣，以下就是：

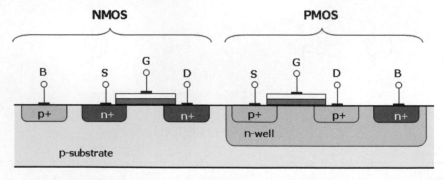

▲ 互補式金屬氧化物半導體/CMOS (此圖引用自維基百科)

CMOS 在製作時是在 P 型基板，也就是圖中的 p-substrate 上先製作好 nMOS 之後，接著便在 P 型基板上另外製作一個區域，這個區域的名稱被稱為 n 井，也就是圖中的 n-well（其中 well 就是井的意思），等 n-well 製作完成之後，便在 n-well 上製作 pMOS。

至於 CMOS 的符號則是如下所示：

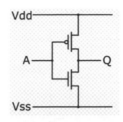

(此圖引用自維基百科)

我們可以很清楚地看到，這 CMOS 的符號是由 pMOS 與 nMOS 所共同組成，其中 V_{dd} 代表正電壓，而 V_{ss} 是接地，至於 A 則是輸入，Q 則是輸出。

最後我要補充一點，CMOS 對於計算機硬體（或者說對資訊人）來說非常重要，因為 BIOS 程式的設定值就存放在 CMOS 晶片裡頭。

> 本文參考與圖片引用出處：
>
> - https://en.wikipedia.org/wiki/CMOS
>
> - https://zh.wikipedia.org/wiki/%E4%BA%92%E8%A3%9C%E5%BC
>   %8F%E9%87%91%E5%B1%AC%E6%B0%A7%E5%8C%96%E7%
>   89%A9%E5%8D%8A%E5%B0%8E%E9%AB%94

1.12 CMOS 的工作原理概說

現在，我們已經知道了 CMOS 的基本結構，而本節，我們要來講解的是 CMOS 的工作原理，首先，讓我們來看下圖：

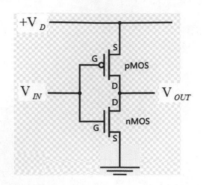

(此圖引用自維基百科，並由作者修改)

在上圖當中，pMOS 與 nMOS 組合在一起，其中 V_D 是電源電壓、V_{IN} 是輸入電壓．而 V_{OUT} 則是輸出電壓，至於 pMOS 與 nMOS 兩者的組合方式與電壓狀況如下所示：

1. pMOS 的閘極 G 與 nMOS 的閘極 G 連接在一起，此時輸入電壓是 V_{IN}。

2. pMOS 的汲極 D 與 nMOS 的汲極 D 連接在一起，此時輸出電壓是 V_{OUT}。

在繼續下去之前，讓我們先來總結一下 CMOS 被設計出來的主要目的，CMOS 被設計出來的主要目的就是為了設計反相器電路，那什麼是反相器電路呢？讓我們不要把事情給想得太難太遠太複雜，你知道唱反調吧？例如我說好，你說不好；反之，我說不好，而你說好，像這種情形就是所謂的唱反調，而我們的 CMOS 就是這樣子的一種電路。

所以，以 CMOS 的情況來說的話，那事情就會是：

1. 當輸入為 HIGH（V_D）之時，輸出為 LOW（0V）。
2. 當輸入為 LOW（0V）之時，輸出為 HIGH（V_D）。

或者是說：

1. 當輸入為 1 之時，輸出為 0。

2. 當輸入為 0 之時，輸出為 1。

了解了上面的情況之後，接下來就讓我們一起來看看 CMOS 工作原理的關鍵之處。

1. 當閘極電壓為正電壓之時，pMOS 為 OFF（OFF 為斷開），nMOS 為 ON：

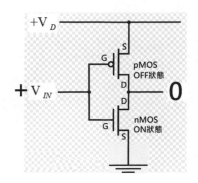

(此圖引用自維基百科，並由作者修改)

此時，因為輸出端接地，所以輸出電壓 V_{OUT} 約為 0 伏特，結果是輸入高，得到低。

2. 當閘極電壓約為 0 伏特左右之時，pMOS 為 ON，nMOS 為 OFF：

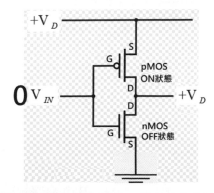

(此圖引用自維基百科，並由作者修改)

此時，輸出電壓 V_{OUT} 等於電源電壓 V_D，結果是輸入低，得到高。

> 📝 本文參考與圖片引用出處：
>
> - https://en.wikipedia.org/wiki/CMOS
> - https://zh.wikipedia.org/wiki/%E6%8E%A5%E5%9C%B0

.13 CMOS 於邏輯閘上的電路實現

有了前面的基本知識之後，接下來我們就要來談談 CMOS 於邏輯閘上的電路實現。

首先是 CMOS 及閘（AND gate）：

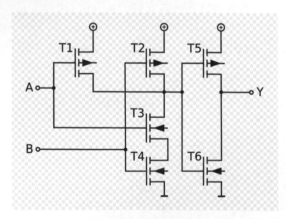

(此圖引用自維基百科)

> 📝 圖片引用出處：
>
> - https://zh.wikipedia.org/wiki/%E4%B8%8E%E9%97%A8

CMOS 或閘（OR gate）：

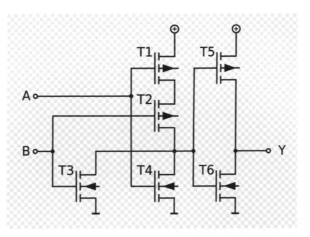

(此圖引用自維基百科)

CMOS 反相器（Inverter，也稱為反閘 NOT gate）：

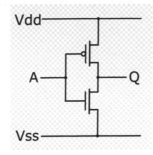

(此圖引用自維基百科)

CMOS 反及閘（NAND gate）：

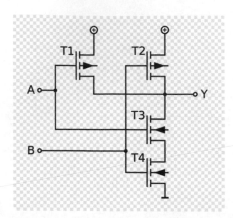

(此圖引用自維基百科)

📝 圖片引用出處：

- https://zh.wikipedia.org/wiki/%E4%B8%8E%E9%9D%9E%E9%97
  %A8

CMOS 反或閘（NOR gate）：

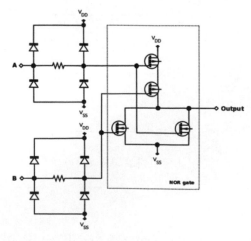

(此圖引用自維基百科)

📝 圖片引用出處：

• https://zh.wikipedia.org/wiki/%E6%88%96%E9%9D%9E%E9%97
  %A8

CMOS 互斥或閘（XOR gate）：

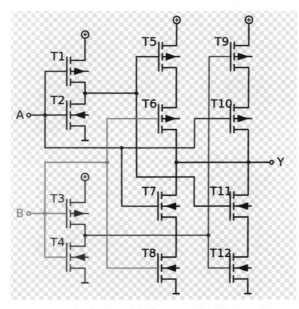

(此圖引用自維基百科)

📝 圖片引用出處：

• https://zh.wikipedia.org/wiki/%E5%BC%82%E6%88%96%E9%97
  %A8

　　最後，正是因為有了 CMOS 所實現出來的邏輯閘，也因此，CMOS
可以說是為計算機的硬體運算提供了一個非常重要的根本基礎。

1.14 CMOS 的應用-超級電腦

看完了 CMOS 的簡介之後，本節要來介紹 CMOS 的其中一個應用-超級電腦。

所謂的超級電腦（Supercomputer），是一種可以執行高速運算的計算機，例如每秒一兆次以上，而由日本富士通公司與理化學研究所共同開發的超級電腦「京」（意指 10 的 16 次方，日語：京／けい Kei 、英語：K Computer）就是超級電腦的一個範例，讓我們來看圖：

(此圖引用自維基百科)

「京」配備了 864 個機櫃以及 88,128 顆由富士通所生產的 SPARC64 VIIIfx 八核心 CPU，至於半導體製程方面，則是採用了 45 奈米的 CMOS 製程。

✍ 本文參考與圖片引用出處：

- https://zh.wikipedia.org/wiki/%E4%BA%AC_(%E8%B6%85%E7%BA%A7%E8%AE%A1%E7%AE%97%E6%9C%BA)

半導體記憶體概說

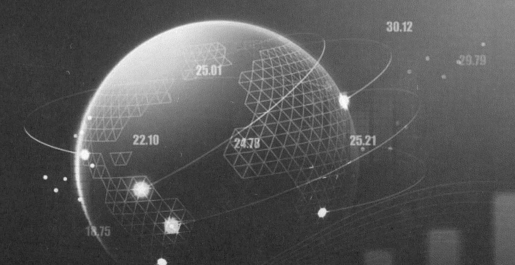

2.1 引言

我們在前面已經講解完了 MOSFET 與 CMOS 的基本概念，MOSFET 與 CMOS 這兩者都可以執行運算，但問題是，計算機除了執行運算之外還必須要有記憶裝置，也就是我們俗稱的記憶體，所以本章要來講解的主題就是以半導體為基礎所設計出來的記憶體，而記憶體這主題同時也是計算機硬體的核心基礎之一。

2.2 記憶體的類別

記憶體有兩種類型，分別是：

記憶體		
中文名稱	隨機存取記憶體	唯讀記憶體
中文別稱	揮發性記憶體	非揮發性記憶體
英文名稱	Random Access Memory	Read-Only Memory
英文簡寫	RAM	ROM
功能	儲存資料	
特色	與 CPU 直接交換資料	無法修改 ROM 內的資料
斷電後資料狀態	消失	保存
範例產品	DRAM、SRAM	PROM、EPROM、OTPROM、EEPROM、快閃記憶體

而在看完了上表之後，接下來我們就要來講解目前幾個最流行，同時也是最重要的記憶體。

2.3 動態隨機存取記憶體 DRAM 概說

　　動態隨機存取記憶體（Dynamic Random Access Memory，簡稱為 DRAM）是一種利用電容器（Capacitor 或 Condenser）充放電特性所設計而成的半導體記憶體，圖示如下所示：

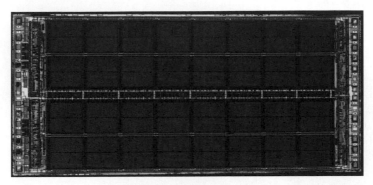

(此圖引用自維基百科)

　　至於 DRAM 的截面示意圖如下所示：

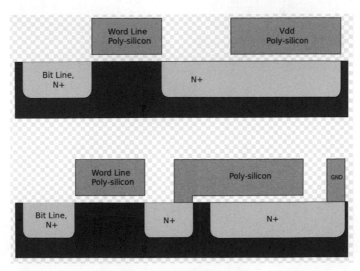

(此圖引用自維基百科)

一般來説，DRAM 的構造是由一個電容器與一個電晶體（例如 MOSFET）所共同組成的一個儲存單元：

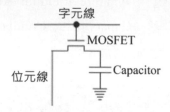

(此圖引用自維基百科，並由作者修改)

並且以一個儲存單元為單位，排列成一個 n x n 的二維矩陣，例如下圖中的 4 x 4 二維矩陣就是一個很典型的例子：

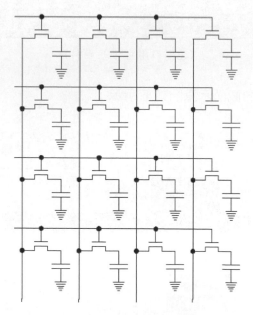

(此圖引用自維基百科)

在 DRAM 儲存單元當中，MOSFET 具有存取開關的功能，而電容器只有 0 與 1 兩種狀態，其中，0 表示沒有儲存電荷，而 1 表示有儲存電

荷，情況如下圖所示：

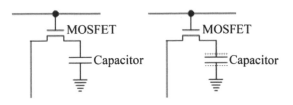

(此圖引用自維基百科，並由作者修改)

在上圖當中，左為 0，而右為 1。

> 本文參考與圖片引用出處：
>
> - https://en.wikipedia.org/wiki/Dynamic_random-access_memory
> - https://zh.wikipedia.org/wiki/%E7%94%B5%E5%AE%B9%E5%99%A8

2.4 DRAM 的工作原理-寫入

我們知道，計算機只理解 0 與 1 這兩種狀態，因此，DRAM 在進行讀寫之時，也是讀寫 0 與 1 這兩種狀態，而在進行讀寫的整個過程中，字元線（Word Line）與位元線（Bit Line）兩者均扮演著非常重要的角色，主要是藉由控制字元線與位元線這兩者的電壓，來讓電容器進行充放電，進而讀寫 0 與 1 這兩種狀態。

了解了上面的情況之後，接下來就讓我們來看看 DRAM 如何來進行寫入的工作，首先是寫入 0：

情況	描述
寫入	0
控制條件	位元線處於低電壓，提高字元線電壓
MOSFET 狀態	ON
電容器充放電狀態	放電

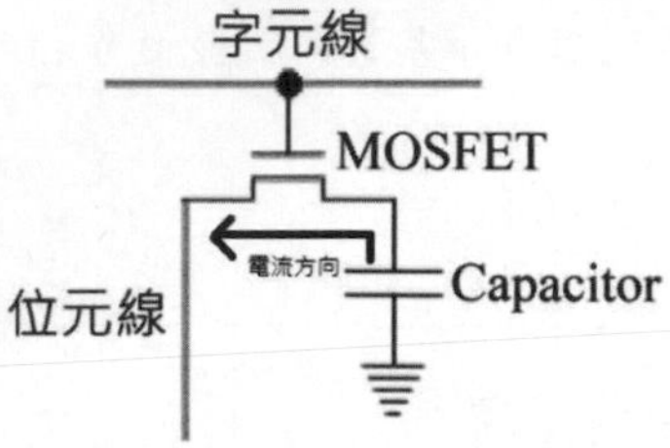

(此圖引用自維基百科，並由作者修改)

了解了寫入 0 的情況之後，接下來就讓我們來了解寫入 1 的情況：

情況	描述
寫入	1
控制條件	提高字元線電壓，之後提高位元線電壓
MOSFET 狀態	ON
電容器充放電狀態	充電

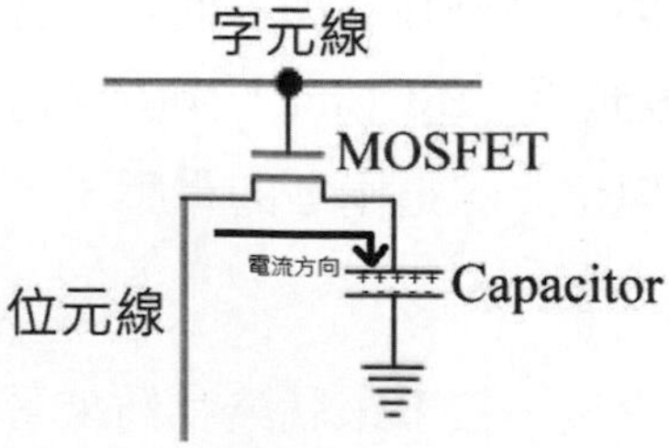

(此圖引用自維基百科，並由作者修改)

本文參考與圖片引用出處：

* https://en.wikipedia.org/wiki/Dynamic_random-access_memory

2.5　DRAM 的工作原理-讀取

　　了解了寫入的工作原理之後，接下來就讓我們來看看讀取，讀取的情況是藉由檢測從電容器當中，是否有電流流到位元線，讓我們來看下面：

情況	描述
讀取	0
控制條件	提高字元線電壓
MOSFET 狀態	ON
電容器記憶狀態	0
電容器放電狀態	不放電
位元線電壓狀態	不提高

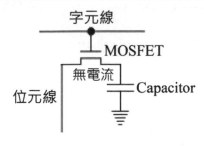

(此圖引用自維基百科，並由作者修改)

情況	描述
讀取	1
控制條件	提高字元線電壓
MOSFET 狀態	ON
電容器記憶狀態	1
電容器放電狀態	放電
位元線電壓狀態	提高

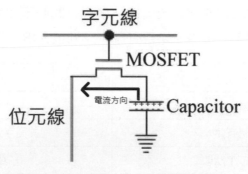

(此圖引用自維基百科，並由作者修改)

本文參考與圖片引用出處：

- https://en.wikipedia.org/wiki/Dynamic_random-access_memory

2.6 DRAM 的類型

前面，我們已經講解完了 DRAM 的工作原理，接下來我們要來講解的是 DRAM 的類型。

我們在前面曾經說過，DRAM 至少由下面四者所共同組成，分別是：

1. 電晶體（例如 MOSFET）
2. 電容器（Kondensator，電容器內有介電質 Dielektrikum，兩者皆為德語）
3. 字元線（Word-Leitung，此為德語）
4. 位元線（Bit-Leitung，此為德語）

以及有一點請各位務必要注意一下，電容器（Kondensator）是在兩個電極之內夾了一個介電質（Dielektrikum），這是電容器的設計原理，若各位對此不熟，建議可以參考物理學。

在了解了上面的內容之後，接下來就讓我們來看看 DRAM 的類型。DRAM 的類型從早期的平面型 DRAM，改良到後來的堆疊（Stack）型 DRAM 與深槽（Trench）型 DRAM 等兩種類型，也就是說，DRAM 在類型上至少歷經了兩種變化，讓我們來看圖之後就知道這三種 DRAM 之間的根本差別之處，首先是平面型 DRAM：

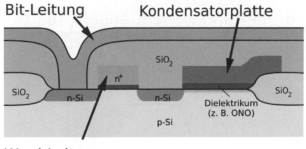

（此圖引用自維基百科）

早期的 DRAM 所採用的設計就是以平面型 DRAM 為主，但後來隨著 DRAM 的容量增高，也因此，就必須得對 DRAM 的儲存單元越做越小，

但問題是這樣一來，電容器的面積也會被影響到，那如何解決這個問題呢？於是後來就有人對 DRAM 來進行改良，並推出了堆疊型 DRAM：

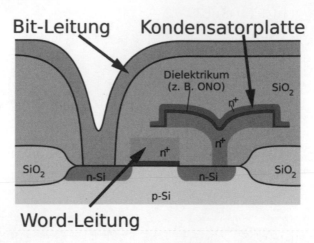

(此圖引用自維基百科)

堆疊型 DRAM 是在 MOSFET 的上方做一個像香菇那樣的電容器，並藉此來確保電容量，至於另一種 DRAM 則是深槽型 DRAM，讓我們來看一下深槽型 DRAM 的範例圖示：

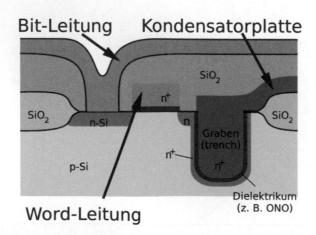

(此圖引用自維基百科)

　　深槽型 DRAM 的特色是在基板上做一個垂直的深溝，並且以深溝的側壁來製成電容，這樣一來，就能夠有大面積的電極，並藉此來確保高電容。

　　但由於深槽型 DRAM 在技術製作上非常複雜，也因此，約在 2009 年之後，許多 DRAM 製造商就已經不再採用深槽型 DRAM，反而採用的是堆疊型 DRAM。

> 📝 本文參考與圖片引用出處：
>
> * https://de.wikipedia.org/wiki/Dynamic_Random_Access_Memory

2.7 DRAM 總檢討

　　前面，我們已經對 DRAM 做了大致上的介紹，而本節就要來總結 DRAM。

1. DRAM 結構簡單而且成本低廉，是許多公司的主要核心產品。
2. DRAM 必須得在每隔一段時間之內，重新寫入資料。

　　這主要是因為，DRAM 的工作原理靠的是電容器，而電容器會有電荷流失的問題存在，所以，DRAM 必須得在每隔一段時間之內，重新寫入相同的資料，而這種過程，也有人稱之為更新（Reflash），所以這也是為什麼 DRAM 之所以會被稱之為 DRAM 的原因就在於此，因為英文字母的 D 指的就是 Dynamic 動態的意思。

2.8 靜態隨機存取記憶體 SRAM 概說

了解了 DRAM 之後，接下來我們要來看的是靜態隨機存取記憶體（Static Random Access Memory，簡稱為 SRAM），SRAM 與 DRAM 兩者都是隨機存取記憶體，至於兩者之間的異同之處就讓我們用個表來歸納：

名稱	SRAM	DRAM
相異點	1.只要保持通電，就不需要進行更新。 2.只用到 CMOS 製程即可。	1.需要進行更新。 2.製程特殊，例如需要用到電容器。
相同點	斷電後資料就會全部消失	

由於 SRAM 不需要像 DRAM 那樣要持續更新，所以這也是為什麼 SRAM 被稱為靜態隨機存取記憶體的原因就是這樣，其中，英文字母的 S 指的就是 Static 靜態的意思。

了解了 SRAM 的基本概念之後，接下就讓我們來看看 SRAM 的產品範例與結構：

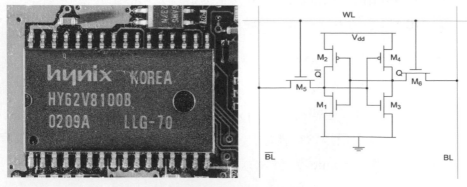

(上圖均引用自維基百科)

在上圖右當中我們可以看到，SRAM 當中的每一個位元儲存在由四個場效電晶體 M_1、M_2、M_3 與 M_4 所構成的反相器當中，另外，場效電晶體 M_5 與 M_6 則是儲存基本單元到用於讀寫位元線的控制開關。

> 📓 本文參考與圖片引用出處：
>
> • https://de.wikipedia.org/wiki/Static_random-access_memory

2.9 SRAM 對於資料的保存方式

本節，我們要來講解的是 SRAM 對於資料的保存方式，雖然 SRAM 的結構有六顆電晶體，但跟資料保存有關的電晶體卻只有四顆而已，所以本節我們只取四顆電晶體，也就是兩個反相器的情況來做解說，圖示如下所示：

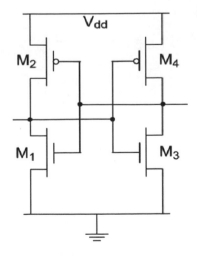

(此圖引用自維基百科)

在上圖當中:

1. 左反相器的輸出與右反相器的輸入相連。
2. 右反相器的輸出與左反相器的輸入相連。

了解了上面的情況之後,接下來就讓我們來看看狀態。

1. 狀態 0:

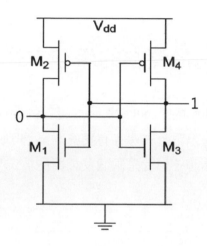

(此圖引用自維基百科)

電晶體狀態如下:

M$_1$	M$_2$	M$_3$	M$_4$
ON	OFF	OFF	ON

反相器狀態如下:

左反相器輸出	右反相器輸出
0	1

2. 狀態 1：

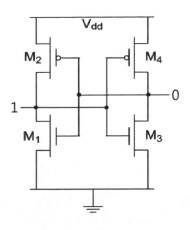

(此圖引用自維基百科)

電晶體狀態如下：

M_1	M_2	M_3	M_4
OFF	ON	ON	OFF

反相器狀態如下：

左反相器輸出	右反相器輸出
1	0

　　以上就是 SRAM 對於資料的保存方式，正是因為這種資料保存方式，所以 SRAM 不需要像 DRAM 那樣需要在一段時間之內來進行更新。

📝 本文參考與圖片引用出處：

- https://de.wikipedia.org/wiki/Static_random-access_memory

2.10 SRAM 對於資料的讀取與寫入

前面，我們已經講解完了 SRAM 對於資料的保存方式，接下來，我們要來講解的是 SRAM 對於資料的讀取與寫入。

我們曾經說過，SRAM 有六顆電晶體，其中有四顆電晶體是用來保存資料，剩下的兩顆電晶體則是用於控制開關，而這其中的技術還涉及到前面所說過的字元線 WL 與位元線 BL，讓我們來看下圖：

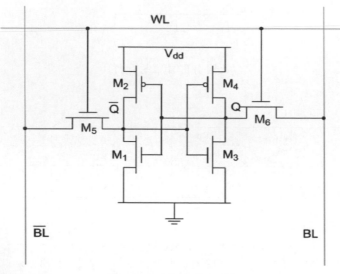

(此圖引用自維基百科)

在上圖當中我們可以發現到，SRAM 的字元線 WL 只有一條，但位元線卻有兩條，分別是圖中的 $\overline{BL}$ 與 BL，也就是說，SRAM 有兩個輸出。

接下來，讓我們來看看在資料保存與讀寫時，SRAM 的字元線 WL 和位元線 $\overline{BL}$ 與 BL 是怎麼運作的，為了清楚表示，讓我們用表格來歸納，首先是 SRAM 的資料保存：

執行動作	SRAM 的資料保存	
位元線	$\overline{BL}$	BL
狀態 1	0	1
狀態 2	1	0

再來是 SRAM 的資料讀取：

執行動作	SRAM 的資料讀取
設定字元線狀態	1
讀取用 nMOS 狀態	ON
讀取資料處	$\overline{BL}$ 或 BL

最後是 SRAM 的資料寫入：

執行動作	SRAM 的資料寫入
寫入資料處	$\overline{BL}$ 與 BL
字元線設定	1
設定輸入用 nMOS 狀態	ON

📝 本文參考與圖片引用出處：

- https://de.wikipedia.org/wiki/Static_random-access_memory

2.11 可程式化唯讀記憶體概說

前面，我們已經對隨機存取記憶體 RAM 有了個簡單的介紹，而從本節開始，我們要來講解的是唯讀記憶體 ROM，首先是本節的主角可程式化唯讀記憶體。

可程式化唯讀記憶體（Programmable Read-Only Memory，簡稱為 PROM 或 FPROM）是一種唯讀記憶體，範例產品如下圖左所示：

(上圖均引用自維基百科)

這種記憶體可以用於小型計算機產品上，例如以前曾經流行過的電子詞典（Electronic Dictionary，範例產品如上圖右所示）就是一個很典型的例子。

PROM 的每一個位元是由熔絲（Fuse）所組成，且一開始每一個位元全都被設定為 1，而把熔絲燒斷之後，這時候被燒斷的熔絲其位元就變成 0，由於這種燒斷過程是無法回復，斷電後資料依然能夠被保留下來，所以這也是為什麼 PROM 是屬於唯讀記憶體 ROM 的最大原因。

✍ 本文參考與圖片引用出處：

* https://en.wikipedia.org/wiki/Programmable_ROM

* https://zh.wikipedia.org/wiki/%E7%94%B5%E5%AD%90%E8%AF%8D%E5%85%B8

2.12　可擦拭可規劃式唯讀記憶體概說

可擦拭可規劃式唯讀記憶體（Erasable Programmable Read Only Memory，簡稱為 EPROM），是斷電後還能夠保留資料的一種記憶體，範例產品如下圖左所示：

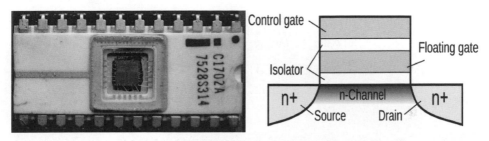

（上圖均引用自維基百科）

而 EPROM 的半導體設計採用的是一種被稱之為浮柵金屬氧化物半導體場效電晶體（Floating-Gate MOSFET，簡稱為浮柵 MOSFET 或者是 FGMOS，如上圖右所示）的場效電晶體。

這種記憶體之所以被稱為「可擦拭」的原因就在於，記憶體當中的資料可以被清空，方法是把線路曝光於紫外線之下，這樣一來，這種記憶體就可以重複使用。由於這種記憶體只要一受陽光照射之後資料就會被清空，因此，必須得對記憶體做好封裝或覆蓋，以防因陽光照射而使得記憶體內的資料被擦拭。

最後，如果 EPROM 被封在不透明的封裝當中的話，這就表示 EPROM 沒有機會照射到紫外線或陽光，此時，EPROM 就會無法被「擦拭」，這樣一來，EPROM 就會符合我們對於 ROM 的定義，也就是一次編程唯讀記憶體（One Time Programmable Read Only Memory，簡稱為 OTPROM）。

📝 本文參考與圖片引用出處:

- https://zh.wikipedia.org/wiki/%E5%8F%AF%E6%93%A6%E9%99
  %A4%E5%8F%AF%E8%A6%8F%E5%8A%83%E5%BC%8F%E5
  %94%AF%E8%AE%80%E8%A8%98%E6%86%B6%E9%AB%94

- https://zh.wikipedia.org/wiki/%E6%B5%AE%E6%A0%85%E9%87
  %91%E5%B1%9E%E6%B0%A7%E5%8C%96%E7%89%A9%E5%
  8D%8A%E5%AF%BC%E4%BD%93%E5%9C%BA%E6%95%88%
  E5%BA%94%E6%99%B6%E4%BD%93%E7%AE%A1

2.13 電子抹除式可複寫唯讀記憶體簡介

電子抹除式可複寫唯讀記憶體 （Electrically-Erasable Programmable Read-Only Memory，簡稱為 EEPROM 或 E^2PROM），是一種以 EPROM 為基礎上，所改良而成的一種唯讀記憶體（ROM），其改良方式為使用薄的閘極氧化層，且在不需要紫外光的條件之下就可以使用電壓的方式來擦拭自身的位元，範例產品如下所示：

(此圖引用自維基百科)

最後，讓我們來歸納一下 EEPROM 與 EPROM 這兩種記憶體對於資料的擦拭方式：

名稱	EEPROM	EPROM
消除方式	電壓	紫外線

> ✏️ 本文參考與圖片引用出處：
>
> - https://en.wikipedia.org/wiki/EEPROM

2.14　量子穿隧效應概說

講解完了前面的記憶體之後，接下來，我們要來講解快閃記憶體，不過在講解快閃記憶體之前，讓我們先來講解一下量子穿隧效應，因為量子穿隧效應可以說是快閃記憶體的一大關鍵核心技術，因為如果沒有量子穿隧效應的話，那就沒有快閃記憶體。

而在講解量子穿隧效應的基本概念之前，讓我們先來比較一下兩種情境。

1. 巨觀世界的生活情境：

在我們的日常生活裡，如果你出門沒帶鑰匙，那你回家後就只能乖乖地被關在家門口而無法進去家裡頭，除非你把門給撞破，否則你就只能在門外吃閉門羹，然後等鎖匠來開鎖。

2. 量子世界的生活情境：

在量子世界裡，如果電子出門沒帶鑰匙，那電子回家後不需要乖乖地被擋在家門口而無法進去家裡頭，電子只要朝門的方向衝過去，就一定會有機會「穿」進家裡頭去，前提是門的厚度不能無限厚，而且也不是每次撞每次都能成功，成不成功那是機率問題。

像這種電子不需要鑰匙，就可以「穿」進家裡頭去的情況，我們就稱之為量子穿隧效應（Quantum Tunneling Effect）：

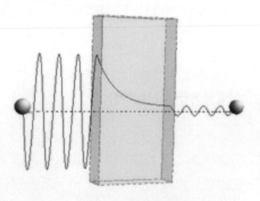

(此圖引用自維基百科)

上圖是一張量子穿隧效應的示意圖，你就想像成電子穿過牆壁之時的情況，由於電子有穿過牆壁的機率，但這機率不會為 0，除非牆壁無限厚，但無限厚的牆壁不存在於這個世界上，且電子穿牆時，機率會大大減少，也因此，電子有機率可以出現在牆壁的後面。

📝 本文參考與引用出處：

- https://zh.wikipedia.org/wiki/%E9%87%8F%E5%AD%90%E7%A9%B
  F%E9%9A%A7%E6%95%88%E6%87%89

2.15 快閃記憶體概說

在講解快閃記憶體（Flash memory）的基本概念之前，讓我們先來看看兩個快閃記憶體在我們的日常生活裡頭的實際應用，它們分別是隨身碟（USB Flash Drive）與記憶卡（Memory Card），圖示如下所示：

(上圖均引用自維基百科)

各位有用過隨身碟與記憶卡之後都知道，這兩者都可以對隨身碟與記憶卡裡頭的資料來做多次的清除或寫入，且即使把隨身碟與記憶卡從計算機當中給拔出來之時，就算在沒有電源的狀態之下，隨身碟與記憶卡裡頭的資料依舊能夠保存良好，因此快閃記憶體被歸類為唯讀記憶體 ROM 之內。

了解了快閃記憶體的基本簡介之後，接下來，就讓我們一起來看看快閃記憶體的剖面圖：

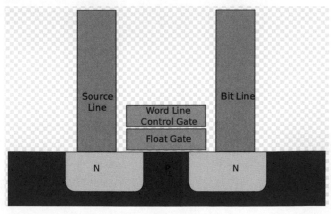

(此圖引用自維基百科)

在上圖當中有兩個很重要的地方，分別是：

1. Control Gate：中文名稱為控制閘極，簡稱為 CG。
2. Float Gate：中文名稱為懸浮閘極，簡稱為 FG。

在此請各位注意一點，懸浮閘極與控制閘極以及基板（P 型）之間都隔有一層非常薄的氧化膜，在上面那張圖當中，氧化膜的部分由於很薄，所以沒有被畫出來，讓我們從另一個角度來看看就知道氧化膜的確切位置：

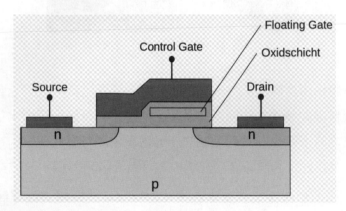

▲ 圖中的 Oxidschicht 就是德語中的氧化膜 (此圖引用自維基百科)

Floating Gate（懸浮閘極）可以說是快閃記憶體的核心關鍵技術，這主要有兩個原因：

1. 懸浮閘極可以儲存電荷，也因此，根據懸浮閘極裡頭有沒有儲存電荷而可以把資料的狀態給分成 0 與 1 兩種，分別是：

懸浮閘極是否儲存電荷	儲存電荷	沒有儲存電荷
資料表示	0	1

2. 當電荷（電子）儲存在懸浮閘極裡頭之時，由於懸浮閘極 Floating Gate 的周圍全部都被絕緣體也就是氧化膜 Oxidschicht 給包圍了起來，也就是説，電子等於被束縛在懸浮閘極 Floating Gate 之內，因此，就算沒有電源，快閃記憶體之內的資料依舊存在，所以這也是為什麼快閃記憶體被歸類為唯讀記憶體 ROM 的原因就在於此。

📝 本文參考與圖片引用出處：

- https://zh.wikipedia.org/wiki/%E8%A8%98%E6%86%B6%E5%8D%A1

- https://zh.wikipedia.org/wiki/%E9%97%AA%E5%AD%98%E7%9B%98

- https://en.wikipedia.org/wiki/Flash_memory

- https://de.wikipedia.org/wiki/Flash-Speicher

2.16　快閃記憶體的工作原理簡介-寫入

　　我們都知道，對於記憶體有讀取與寫入兩種工作原理，而快閃記憶體也是一樣，也是有讀取與寫入兩種工作原理，而本節要來講解的工作原理就是寫入，不過要注意一點，快閃記憶體的讀取與寫入均需要使用到量子穿隧效應，所以對量子穿隧效應不熟的讀者，建議複習一下這方面的基本知識。

　　在繼續下去之前，讓我們先來總結一下快閃記憶體的讀取與寫入的關鍵原理，在快閃記憶體當中，主要是透過對於電極與基板等的電壓控制，來讓電子能夠藉由量子穿隧效應來穿過氧化膜，並藉此來產生 0 與 1，這樣講太抽象了，讓我們實際來看圖。

寫入0：

控制條件如下：

處理對象	電壓設定
源極、汲極與基板	0V
控制閘極	$+V_G$

電子運動過程如下所示（以下圖片均引用自維基百科，並由作者修改）：

1. 電子在基板之內：

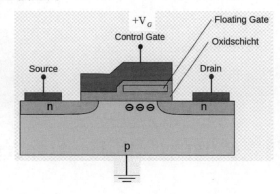

2. 電子準備藉由量子穿隧效應來穿過氧化膜：

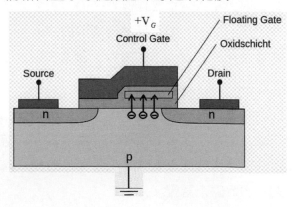

3. 電子穿過氧化膜之後位於懸浮閘極當中，此時快閃記憶體的狀態為 0：

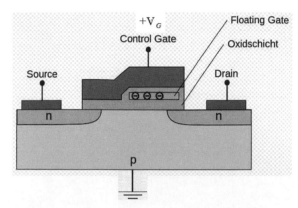

看完了寫入 0 之後，接下來讓我們一起來看看寫入 1。

寫入 1：

這時候只要把控制閘極給改成 0V，如此一來量子穿隧效應就不會發生，於是懸浮閘極就不會儲存電荷，因此結果就會是 1，圖示如下所示：

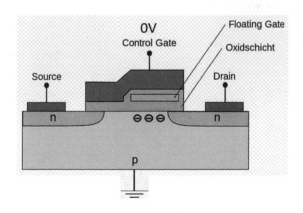

本文參考與圖片引用出處：

• https://de.wikipedia.org/wiki/Flash-Speicher

2.17 快閃記憶體的工作原理簡介-消除

講完了快閃記憶體對於資料的寫入之後，接下來，我們要來看的是如何消除儲存於快閃記憶體之內的資料，還是一樣，讓我們對電極與基板等設定好電壓，接下來就使用量子穿隧效應來處理這一切。

消除資料：

控制條件如下：

處理對象	電壓設定
源極、汲極與基板	+V
控制閘極	0V

過程如下圖所示（以下圖片均引用自維基百科，並由作者修改）：

1. 電子位於懸浮閘極之內：

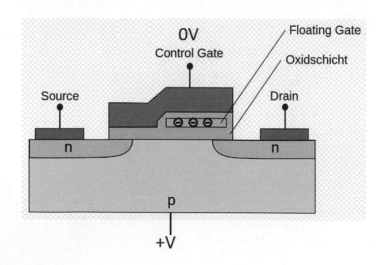

2. 電子準備藉由量子穿隧效應來穿過氧化膜：

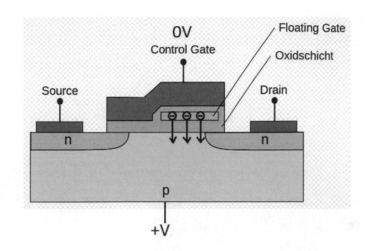

3. 電子穿過氧化膜之後位於基板當中，此時快閃記憶體內的資料被清除：

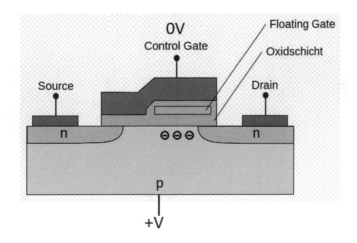

📝 本文參考與圖片引用出處：

- https://de.wikipedia.org/wiki/Flash-Speicher

2.18 快閃記憶體的工作原理簡介-讀取

讀取資料時,一樣也是藉由操作控制閘極上的電壓,接著看看電子是否從源極流向汲極,並藉此來判讀 0 與 1,讓我們來分別解說(以下圖片均引用自維基百科,並由作者修改)。

讀取 0:

0 的狀態就是懸浮閘極儲存電荷(電子),而這些電荷(電子)所帶的負電會跟控制閘極所施加的正電壓產生抵消,此時,電子就難以從源極流向汲極,因此這時候判定為 0,圖示如下所示:

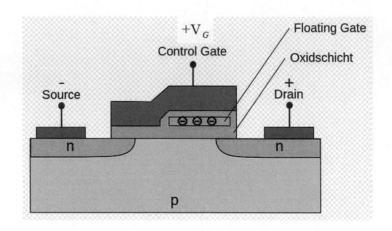

讀取 1:

1 的狀態就是懸浮閘極沒有儲存電荷,這時候控制閘極上的電壓就會影響到基板,使得電子可以從源極流向汲極,這時候判定為 1,圖示如下所示:

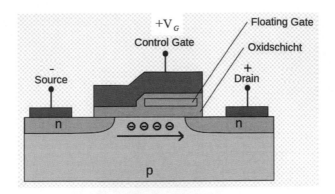

不過在此要注意一點，當快閃記憶體在 0 的狀態之時，雖然懸浮閘極內有儲存電荷，但如果對控制閘極施加過高的電壓，這時候電子還是會從源極流向汲極。

本文參考與圖片引用出處：

● https://de.wikipedia.org/wiki/Flash-Speicher

2.19 快閃記憶體的多位元設計

根據前面的解說，快閃記憶體當中的每 1 個儲存單元最多只能記錄 1 個位元，但有趣的是，不同的閾值電壓卻可以讓 1 個儲存單元來記錄多個位元，以下就是：

1. 單階儲存單元：Single-Level Cell（SLC），每 1 個儲存單元內記錄 1 個位元。

2. 多階儲存單元：Multi-Level Cell（MLC），每 1 個儲存單元內記錄 2 個位元。

3. 三階儲存單元：Triple-Level Cell（TLC），每 1 個儲存單元內記錄 3 個位元。

4. 四階儲存單元：Quad-Level Cell（QLC），每 1 個儲存單元內記錄 4 個位元。

至於位元的情況各位可以來看看下表：

SLC快閃記憶體		MLC快閃記憶體		TLC快閃記憶體		QLC快閃記憶體	
電位情況	二進位值	電位情況	二進位值	電位情況	二進位值	電位情況	二進位值
低電位	0	最低電位	00	最低電位	000	最低電位	0000
						次低電位	0001
				次低電位	001	第三低電位	0010
						第四低電位	0011
		次低電位	01	第三低電位	010	第五低電位	0100
						第六低電位	0101
				第四低電位	011	第七低電位	0110
						第八低電位	0111
高電位	1	次高電位	10	第五低電位	100	第九低電位	1000
						第十低電位	1001
				第六低電位	101	第十一低電位	1010
						第十二低電位	1011
		最高電位	11	次高電位	110	第十三低電位	1100
						第十四低電位	1101
				最高電位	111	次高電位	1110
						最高電位	1111

表內資料為假設低電位表示二進位的0，高電位表示二進位的1時的情況。

(此表引用自維基百科)

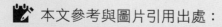 本文參考與圖片引用出處：

• https://zh.wikipedia.org/zh-tw/%E9%97%AA%E5%AD%98

與 CPU 有關的半導體元件概說

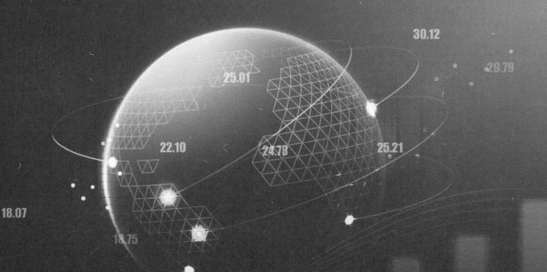

3.1 引言

在前面，我們已經對半導體與積體電路都已經有了個基本概念，而本章，我們要來介紹的是與 CPU 相關的半導體元件，那為什麼要介紹與 CPU 相關的半導體元件呢？這主要是因為與 CPU 相關的半導體元件對於資訊工業來說非常重要，以醫學來比喻的話，CPU 就相當於人類的大腦一樣，如果人類沒有大腦的話，那人類要如何思考或者是進行判斷呢？

同樣道理，我們的計算機也是一樣，一旦計算機沒有了 CPU，那計算機也無法運行，好了話不多說，接下來就跟著我們的腳步一起來認識 CPU 吧！

3.2 CPU 的功能簡介

CPU 最主要的功能是執行運算，而運算分成兩種，分別是：

1. 算術運算：執行加法與減法。
2. 邏輯運算：對 0 與 1 來執行運算。

CPU 跟計算機的整體架構之間，有著如下的關係：

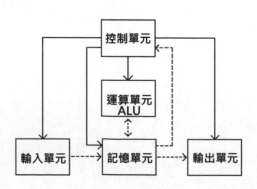

在上圖當中：

1. 虛線代表資料流，而實線則是代表控制流。
2. CPU 包含了控制單元與運算單元。
3. 記憶單元有主記憶單元與輔助記憶單元兩種。

了解了上面的內容之後，接下來就讓我們來對上圖做解說：

1. 輸入單元：例如鍵盤或滑鼠，也就是把資料或指令等給輸入計算機當中。
2. 輸出單元：例如顯示器或印表機，也就是把資料由計算機輸出到外部。
3. 運行單元：執行運算。
4. 記憶單元：保存資料。
5. 控制單元：下指令給上面那四個單元，並控制計算機的整體運作。

最後，我要來講解的是 ALU，ALU 的英文名稱為 Arithmetic Logic Unit，中文翻譯成算術邏輯單元，其概念如下圖所示：

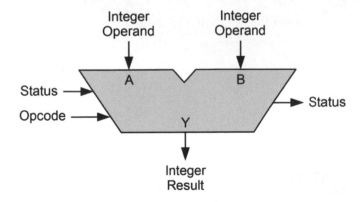

(此圖引用自維基百科)

在上圖當中：

英文名稱	Integer Operand A	Integer Operand B	Status Opcode	Status	Integer Result
中文意涵	輸入 A	輸入 B	輸入指令	輸出狀態	輸出

讓我們來看看範例，例如計算 3+4=+7，這時候的 ALU 就是如下所示：

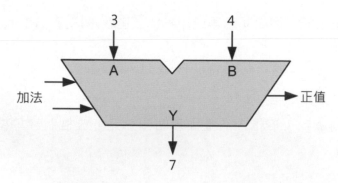

(此圖引用自維基百科，並由作者修改)

CPU 除了運算之外，也能夠進行判斷，例如說，你身上現在有 500 元，而去 ATM 領了 1000 元之後你身上總共有 1500 元，假設一客牛排價格 1200 元，由於 1500 元 > 1200 元，因此你可以去吃牛排；反之，如果你只領了 200 元，那結果就是身上只有 700 元，而 700 元 < 1200 元，因此你不可以去吃牛排，不然會付不出錢，像這種情況，就是有計算也有判斷。

📓 本文參考與圖片引用出處：

• https://en.wikipedia.org/wiki/Central_processing_unit

3.3 邏輯閘與 IC 之間的基本關係

我們知道，數位電路它很特別，主要是數位電路的執行用的全都是高低起伏的位準，圖示如下所示：

(此圖引用自維基百科)

在上圖當中：

電壓高於基準的數位訊號我們就稱為 H 位準，也就是圖中的 1。

電壓低於基準的數位訊號我們就稱為 L 位準，也就是圖中的 0。

接下來，讓我們來解釋一下邏輯閘與 IC 兩者之間的基本關係，在此，請各位來看看下圖：

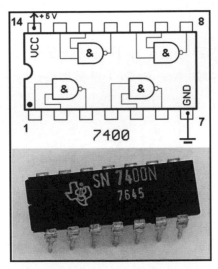

(此圖引用自維基百科)

上圖是一顆編號為 7400 的 IC，而這顆 IC 的內部構造包含了四個 NAND 的邏輯閘，其中：

1. 0（L）與 1（H）等數位訊號，是藉由接腳（Pin）輸入與輸出。
2. IC 當中有兩個附加接腳分別提供了+5V 的電源以及接地。

上面的內容很重要，主要是我們把邏輯閘與 IC 的基本知識給串在一起，這樣一來，整個半導體的面貌就會逐漸明朗。

✎ 本文參考與圖片引用出處：

- https://en.wikipedia.org/wiki/Digital_signal

- https://en.wikipedia.org/wiki/Logic_gate

3.4 半加器概說

了解了前面的內容之後，接下來我們要來介紹的是半加器（Half Adder），半加器也被稱為半加法器，是算術邏輯單元 ALU 的重要基礎，讓我們來看看半加器的基本結構：

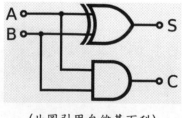

(此圖引用自維基百科)

在上圖當中我們可以看到，半加器是由一個互斥或閘 XOR Gate 與一個及閘 AND Gate 兩者所共同組成，並且：

名稱	A	B	S（Sum）	C（Carry）
中文意義	輸入	輸入	輸出 A+B（低位）	輸出進位（高位）

現在，讓我們來看複習一下互斥或閘 XOR Gate 與及閘 AND Gate 的基本運算，首先是互斥或閘 XOR Gate：

輸入		輸出 S
0	0	0
0	1	1
1	0	1
1	1	0

接下來是及閘 AND Gate：

輸入		輸出 C
0	0	0
0	1	0
1	0	0
1	1	1

了解了上面的內容之後，接下來就讓我們來看看半加器的基本原理，我們都知道，1 位元的加法如下所示：

輸入		輸出
0	0	0
0	1	1
1	0	1
1	1	1	0

接下來，讓我們把空格的部分給補 0，於是我們得到：

輸入		輸出	
0	0	0	0
0	1	0	1
1	0	0	1
1	1	1	0

各位可以發現到：

輸入		輸出	
		及閘 AND Gate 輸出 C	互斥或閘 XOR Gate 輸出 S
0	0	0	0
0	1	0	1
1	0	0	1
1	1	1	0

　　從上面的結果當中我們可以知道，只要有一個互斥或閘 XOR Gate 與一個及閘 AND Gate 的話，就可以執行 1 位元的加法運算，而這就是算術

邏輯單元 ALU 的重要基礎。

📝 本文參考與圖片引用出處：

• https://zh.wikipedia.orG/wiki/%E5%8A%A0%E6%B3%95%E5%99%A8

3.5 全加器概說

上一節，我們講解了半加器的基本概念，但由於半加器在實務上就只能夠執行 1 位元的加法運算，也因此，半加器在應用上相當有限，於是，後來就有人把兩個半加器給組合成一個所謂的全加器（Full Adder），而全加器也被稱為全加法器，圖示如下所示（下圖左表示全加器的符號，而下圖右則表示 1 位元全加器的內部結構）：

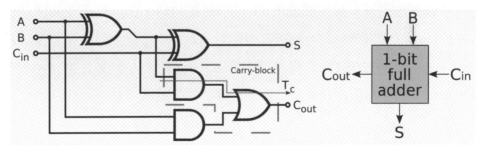

(上圖均引用自維基百科)

從上圖當中我們可以知道，全加器是一個具有三個輸入以及兩個輸出的電路，且全加器與半加器的最大差別就在於，全加器能接收一個低位進位輸入訊號 C^{in}，關於這點讓我們用個表來歸納：

名稱	C_{in}	C_{out}
中文意義	進位輸入	進位輸出

　　全加器最主要的功能就是說，只要把全加器的數量給擴增，就能夠做出所謂的具有多位數的加法電路，像這種具有多位數的加法電路我們又稱之為波紋進位加法器或者是脈動進位加法器，其英文名稱為 Ripple-Carry Adder，例如下圖中就是使用了四個 1 位元的全加器所構成的四位波紋進位加法器：

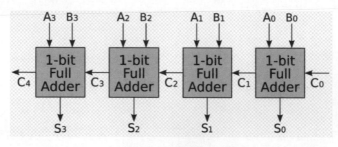

(此圖引用自維基百科)

　　所以同理可證，如果要做出 N 位加法器的話，那就是要使用多個 1 位元的全加器，不過在此之前請各位注意一點，低位全加器的 C_{out} 要連結到高 1 位元全加器的 C_{in}，且如果不用與其他進位訊號相連接的話，則可以把最低位的全加器給替換成半加器，讓我們來看圖：

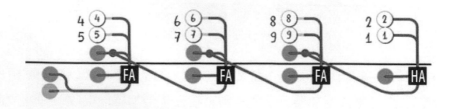

(此圖引用自維基百科)

在上圖當中，最右邊的 HA 表示半加器，至於位於 HA 左邊的三個 FA 則表示全加器，從上圖當中我們可以看到，最低位的半加器（由最低位的全加器所替換）的 C^{out} 連結到高 1 位元全加器的 C^{in}：

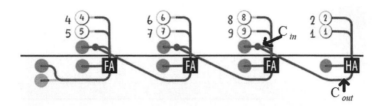

(此圖引用自維基百科，並由作者修改)

而後面三個全加器的相連情況也是一樣，全都是由低位 C^{out} 連結到高位 C^{in}。

至於波紋進位加法器的運行過程有點複雜，我把運行過程圖放在臉書社團上，各位可以上去看看，貼文日期是臺灣時間 2023 年 1 月 6 日下午 2 點 59 分左右：

波紋進位加法器（脈動進位加法器，Ripple-Carry Adder）的執行過程圖，其中，「波紋」二字形象地描述了進位訊號依次向前傳遞的情形。

以上描述與下列圖片均引用自維基百科，非北極星所製，版權歸原作者所有：
https://en.wikipedia.org/wiki/Adder_(electronics)......

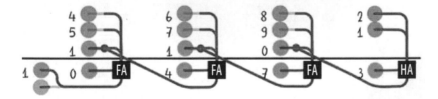

或者是在瀏覽器上輸入下列網址：

- https://en.wikipedia.org/wiki/Adder_(electronics)#Ripple-carry_adder
- https://en.wikipedia.org/wiki/Adder_(electronics)#/media/File:Ripple Carry2.gif

要是懶得輸入網址，那就在英文版的維基百科上輸入 Adder 搜尋之後就可以找到波紋進位加法器的運行過程了，注意 Adder 是 Adder (electronics)。

✏️ 本文參考與圖片引用出處：

- https://zh.wikipedia.org/wiki/%E5%8A%A0%E6%B3%95%E5%99%A8

3.6 超前進位加法器概說

波紋進位加法器在做加法運算之時，是從低位開始一直往高位方向來進位，但如果這時候的位數有很多，那此時計算的速度就會很慢，也就是說，低位數在執行工作時，高位數卻閒閒沒事幹，用專業的術語來說，就是傳遞延遲時間變大，於是這時候就有人發明出了一種被稱為超前進位加法器（Carry-Lookahead Adder，如下圖）來嘗試解決這個問題。

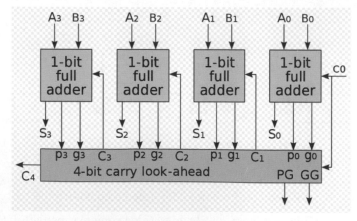

▲ 超前進位加法器 (此圖引用自維基百科)

簡單來說，當超前進位加法器在執行：

1.　加法運算之時：同時會判斷有沒有進位（Carry）出現。
2.　減法運算之時：同時會判斷有沒有借位（Borrow）出現。

接著，把結果傳給每個數位的加法器，也因此，整個計算速度就會變快，但缺點是電路的規模也會因此而變大。

📝 本文參考與圖片引用出處：

- https://en.wikipedia.org/wiki/Carry-lookahead_adder

3.7　正反器概說

在講解正反器（Flip-Flop, FF）的基本概念之前，讓我們先來看一段小故事。

在我們的日常生活裡頭，我們都有用過電燈，而電燈會連接一個開關，並且開關有開（ON，或者是 1）與關（OFF，或者是 0）兩種狀態，如果：

1.　關閉開關：開關的狀態為關（OFF，或者是 0），此時電燈不亮。
2.　打開開關：開關的狀態為開（ON，或者是 1），此時電燈亮。

換句話說，開關的狀態不是 1 就是 0，而這也會對應到電燈亮與不亮的兩種狀態。

如果有一天，你把電燈給打開，但卻忘了把電燈給關上，那這時候開關的狀態就會是這樣：

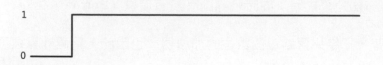

像這種一直讓開關開著（關著），也就是讓電燈亮著（關著）或者說讓狀態一直保持在 1（0）的狀態我們就稱為閂鎖（Latch），由於狀態一直保持，所以就另一方面來說，閂鎖本身也具有記憶的特性在。

但現在問題來了，計算機在處理資料的時候不會是只有一種狀態，而是 0 與 1 兩種狀態，因此，以上面的例子來說，如果一直保持 1 的狀態將會給我們帶來困擾，所以我們會問，上面的狀態能否隨時更改？

答案是可以的，例如說，當你發現到一直開著燈很浪類錢的時候，此時你就會去關閉開關，而這個，就是觸發你關閉開關的一個契機，換句話說，如果讓狀態一直保持不變，那情況就等於記憶，而如果因為某些契機而產生觸發，那這時候資料狀態便會發生轉變，像這種既有記憶功能，又可以轉變資料的電路，就是本節的主角正反器（也被稱為觸發器，原因如上）。

最後，正反器有三種，分別是：

1. RS 正反器
2. D 正反器
3. T 正反器

所以接下來，我們會一一地對這些正反器來做介紹。

3.8 RS 正反器概說

上一節，我們已經了解了正反器的基本概念，而本節，我們要來講解的是 RS 正反器：

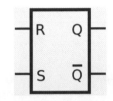

(此圖引用自維基百科)

在上圖當中：

符號	S（Set）	R（Reset）	Q	$\overline{Q}$
中文意義	設置 Q = 1	重置 Q = 0 $\overline{Q}$ = 1	輸出結果	輸出結果
性質	輸入		輸出	

其中，Q 與 $\overline{Q}$ 互補，也就是：

Q	$\overline{Q}$	意義
1	0	互補
0	1	

有了上面的內容之後，接下來就讓我們來看看真值表：

R	S	Q_{n+1}	意義
0	1	1	執行 Set
1	0	0	執行 Reset

在上表當中出現了 Q^{n+1}，既然有 Q^{n+1} 那就一定有 Q^n，兩者的意義如下所示：

Q^{n+1}：表示下一個狀態，簡稱為次態。

Q^n：表示現在的狀態，簡稱為現態。

了解了上面的內容之後，接下來我們要實際使用邏輯閘來實現 RS 正反器。

一般來說，RS 正反器有兩種設計，這兩種設計分別是 NAND 電路以及 NOR 電路，圖示如下所示：

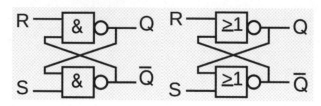

▲ 左圖為 NAND 電路，右圖為 NOR 電路(上圖均引用自維基百科)

在此，各位可能會看不懂上圖中有關於 NAND 電路以及 NOR 電路的符號，這主要是因為圖中所採用的符號是由國際電工委員會（International Electrotechnical Commission，簡寫為：IEC，或譯「國際電工協會」）對於 NAND 電路（下圖左）以及 NOR 電路（下圖右）的規定：

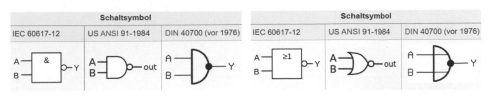

(此圖引用自維基百科)

了解了上面的情況之後,接下來,我們就要來分析 RS 正反器的輸入
與輸出情況,首先讓我們先來回顧一下 NAND gate 的真值表(有 0 則 1
或全 1 為 0):

輸入		輸出
A	B	A NAND B
0	0	1
0	1	1
1	0	1
1	1	0

接下來,是 RS 正反器的 NAND 電路真值表:

R	S	Q	$\overline{Q}$	Q_{n+1}
0	0	1 (有 0 則 1)	1 (有 0 則 1)	禁止
0	1	1 (有 0 則 1)	0 (全 1 為 0)	1 (Q 與 $\overline{Q}$ 互補)
1	0	0 (全 1 為 0)	1 (有 0 則 1)	0 (Q 與 $\overline{Q}$ 互補)
1	1	請看下列解說		Q_n

關於上表中第五列的情況讓我們分兩種狀況來獨立講解：

狀況 1：

R	S	Q	$\overline{Q}$	Q_{n+1}
1	1	假設 Q = 0	假設 $\overline{Q}$ = 1	Q_n

狀況 2：

R	S	Q	$\overline{Q}$	Q_{n+1}
1	1	假設 Q = 1	假設 $\overline{Q}$ = 0	Q_n

所以狀態並無改變。

在此我們補充一點，各位有看到 Q_{n+1} 為禁止的這個結果，這主要是因為此時的 $Q = \overline{Q} = 1$，但我們說過，正反器的 Q 與 $\overline{Q}$ 兩者必須互補，也就是說 Q 與 $\overline{Q}$ 兩者不能一樣，因此，R = S = 0 的輸入為禁止。

看完了 NAND 電路之後，就讓我們一起來看看 NOR 電路，還是一樣首先讓我們先來回顧一下 NOR gate 的真值表（有 1 則 0 或全 0 為 1）：

輸入		輸出
A	B	A NOR B
0	0	1
0	1	0
1	0	0
1	1	0

接下來，是 RS 正反器的 NOR 電路真值表：

R	S	Q	$\overline{Q}$	Q_{n+1}
0	0	假設 Q = 0 假設 Q = 1	假設 $\overline{Q}$ = 1 假設 $\overline{Q}$ = 0	Q_n
0	1	1 （全 0 為 1）	0 （有 1 則 0）	1 （Q 與 $\overline{Q}$ 互補）
1	0	0 （有 1 則 0）	1 （全 0 為 1）	0 （Q 與 $\overline{Q}$ 互補）
1	1	0 （有 1 則 0）	0 （有 1 則 0）	禁止

在上面的描述當中，雖然 NAND 電路以及 NOR 電路都可以做出正反器的效果出來，但因為有禁止的情況出現，導致於之後有人對 RS 正反器來進行改良，也就是下一節所要解說的 JK 正反器。

📝 本文參考與圖片引用出處：

- https://de.wikipedia.org/wiki/Flipflop

- https://de.wikipedia.org/wiki/NAND-Gatter

- https://de.wikipedia.org/wiki/NOR-Gatter

3.9 JK 正反器概說

上一節，我們已經講解了 RS 正反器的基本概念，但 RS 正反器有個缺點，那就是會有禁止的情況出現，也因此，RS 正反器在經人改良之後，便出現了 JK 正反器：

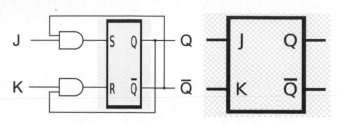

(此圖引用自維基百科，並由作者修改)

而 JK 正反器就沒有禁止的情況出現，讓我們來看看 JK 正反器的基本原理（以 NOR 為例）：

J	K	S	R	Q	$\overline{Q}$	Q_{n+1}
0	0	0	0	Q_n		
0	1	0	0	1.設 Q = 0 2.當 S = R = 0 之時，Q = 0	1.設 $\overline{Q}$ = 1 2.當 S = R = 0 之時，$\overline{Q}$ = 1	0
		0	1	1.設 Q = 1 2.當 R = 1，Q = 0	1.設 $\overline{Q}$ = 0 2.當 R = 1 $\overline{Q}$ = 1	
1	0	1	0	1.設 Q = 0 2.當 S = 1，Q = 1	1.設 $\overline{Q}$ = 1 2.當 S = 1，$\overline{Q}$ = 0	1

J	K	S	R	Q	$\overline{Q}$	Q_{n+1}
		0	0	1.設 Q = 1 2.當 S = R = 0 之時，Q = 1	1.設 $\overline{Q}$ = 0 2.當 S = R = 0 之時，$\overline{Q}$ = 0	
1	1	1	0	1.設 Q = 0 2.當 S = 1，Q = 1	1.設 $\overline{Q}$ = 1 2.當 S = 1，$\overline{Q}$ = 0	$\overline{Q_n}$
		0	1	1.設 Q = 1 2.當 R = 1，Q = 0	1.設 $\overline{Q}$ = 0 2.當 R = 1 $\overline{Q}$ = 1	

📝 本文參考與圖片引用出處：

- https://ja.wikipedia.org/wiki/%E3%83%95%E3%83%AA%E3%83%83%E3%83%97%E3%83%95%E3%83%AD%E3%83%83%E3%83%97

3.10 時脈訊號概說

　　時脈訊號（Clock Signal）是一種具有一定週期性的數位訊號，也被稱為 CLOCK，其意思為時鐘，範例圖示如下所示：

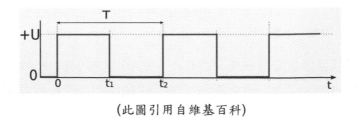

(此圖引用自維基百科)

實際範例如下所示：

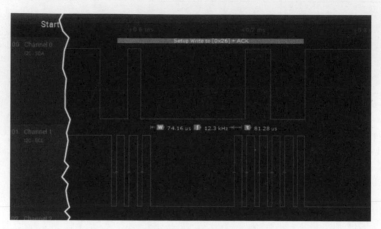

(此圖引用自維基百科)

各位可以看到，時脈訊號有高（H）低（L）之分。

接下來，讓我們對時脈訊號來做個講解：

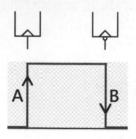

(此圖引用自維基百科，並由作者修改)

A：上升邊緣，此時 L（0）→ H（1）

B：下降邊緣，此時 H（1）→ L（0）

時脈訊號就好像時鐘一樣，會在一定的週期之內具有規律性地重複 L（0）與 H（1），後面我們會看到，時脈訊號如何搭配正反器來做應用。

本文參考與圖片引用出處:

- https://de.wikipedia.org/wiki/Taktsignal

- https://fr.wikipedia.org/wiki/Signal_d%27horloge

PS :下圖中三角形的部分,我們就稱為邊緣觸發:

3.11 時脈訊號運用於 JK 正反器

時脈訊號(以下簡稱為 CK)最大的運用就是可以讓時脈訊號在上升邊緣時或者是下降邊緣時來工作,讓我們以 JK 正反器為例子,下圖中我們對 JK 正反器外接了一根時脈訊號,圖示如下所示:

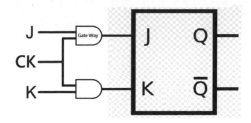

(此圖引用自維基百科,並由作者修改)

在上圖當中,Gate Way 的主要是功能是控制外部的輸入訊號是否能夠進入 JK 正反器當中,例如:

運算	結果	意義
A · 1	A	進入
A · 0	0	阻擋

時脈訊號 CK 的動作與否，關鍵到資料能否進入 JK 正反器當中：

1. 若 CK 無動作，則不會有資料進入 JK 正反器當中，於是不會執行運算。
2. 若 CK 有動作，則會有資料進入 JK 正反器當中，於是執行運算。

假設現在 CK 的情況是上升邊緣，此時正反器的情況稱為正緣觸發，以下圖為例，在時脈訊號上升時，會讓資料（下圖中的箭頭 D）從左到右傳過去，圖示如下所示：

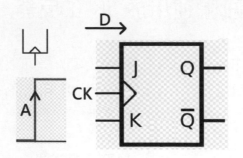

(此圖引用自維基百科，並由作者修改)

假設現在 CK 的情況是下降邊緣，此時正反器的情況稱為負緣觸發，以下圖為例，在時脈訊號下降時，會讓資料（下圖中的箭頭 D）從左到右傳過去，圖示如下所示：

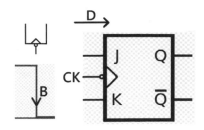

(此圖引用自維基百科，並由作者修改)

　　當正反器的數量非常多之時，可以藉由同一根時脈訊號（CK）來控制正反器在執行運算上保持一定的節奏，如此一來，便可以確保資料不會丟失。

📝 本文參考與圖片引用出處：

* https://ja.wikipedia.org/wiki/%E3%83%95%E3%83%AA%E3%83%83
　%E3%83%97%E3%83%95%E3%83%AD%E3%83%83%E3%83%97

3.12　T型正反器概說

　　JK 正反器藉由不同的接法，正反器的形式也不會相同，例如本節所要介紹的 T 型正反器就是一個很典型的例子：

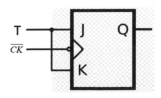

(此圖引用自維基百科，並由作者修改)

在上圖當中，$\overline{CK}$ 是負緣觸發。

接下來，讓我們來討論 JK 正反器的真值表：

$\overline{CK}$	J	K	Q_{n+1}
正緣觸發	×	×	Q_n
負緣觸發	0	0	Q_n
	0	1	0
	1	0	1
	1	1	$\overline{Q_n}$

由於 J 與 K 連接在一起，所以 J 一定等於 K，所以下列狀態一定不存在：

$\overline{CK}$	J	K	Q_{n+1}
負緣觸發	0	1	0
	1	0	1

所以這時候我們就可以來看看 T 型正反器的真值表：

$\overline{CK}$	T	Q_{n+1}
正緣觸發	×	Q_n
負緣觸發	0	Q_n
	1	$\overline{Q_n}$ （轉態）

當 T = 1 之時，這時候就會得到 $\overline{Q_n}$（轉態），而這種轉態具有讓輸出結果除 2 的效果，例如說當 $\overline{CK}$ 的頻率 = f 之時，Q 的頻率就會是 $\dfrac{f}{2}$：

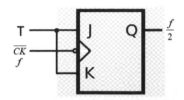

(此圖引用自維基百科，並由作者修改)

本文參考與圖片引用出處：

- https://ja.wikipedia.org/wiki/%E3%83%95%E3%83%AA%E3%83%83
  %E3%83%97%E3%83%95%E3%83%AD%E3%83%83%E3%83%97

3.13　D 型正反器概說

講完了 T 型正反器的基本概念之後，接下來我們要來講解的是 D 型正反器：

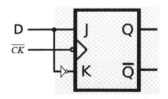

(此圖引用自維基百科，並由作者修改)

接下來，讓我們來討論 JK 正反器的真值表（注意，下表中 $\overline{CK}$ 一樣是負緣觸發）：

$\overline{CK}$	J	K	Q_{n+1}
正緣觸發	×	×	Q_n
負緣觸發	0	0	Q_n
	0	1	0
	1	0	1
	1	1	$\overline{Q_n}$

由於 D 跟 J 連接以及 J 與 K 兩者之間具有反相關係，所以下列狀態一定不存在：

負緣觸發	0	0	Q_n
	1	1	$\overline{Q_n}$

所以這時候我們就可以來看看 D 型正反器的真值表：

$\overline{CK}$	D	Q_{n+1}
正緣觸發	×	Q_n
負緣觸發	0	0
	1	1

上面表格的意思是説，若時脈沒來，則狀態保持，也就是記憶；但若時脈有來，則給 0 就得 0 或者是給 1 就得 1，像這種就是所謂的讀取（資料），所以 D 型正反器本身就具有記憶功能。

本文參考與圖片引用出處：

- https://ja.wikipedia.org/wiki/%E3%83%95%E3%83%AA%E3%83%83%E3%83%97%E3%83%95%E3%83%AD%E3%83%83%E3%83%97

3.14　計數器的簡介

計數器（Counter）是紀錄某些特定事件或者是事情發生過程次數的裝置，原則上可以分成兩種類型：

1. 同步計數器：多個正反器共用同一根 CK，圖示如下所示（低位在左邊，與二進位相反）：

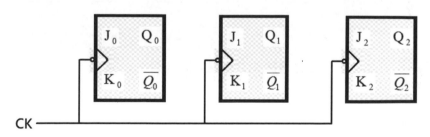

(此圖引用自維基百科，並由作者修改)

也就是説，一個 CK 訊號讓三個正反器能夠同時動作。

2. 非同步計數器：下一個正反器的 CK 由上一個正反器的 Q 來決定，圖示如下所示（LSB 在最左邊，MSB 在最右邊）：

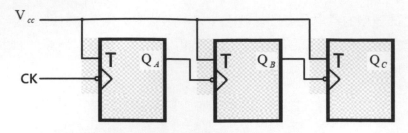

(此圖引用自維基百科,並由作者修改)

計數器的設計原理是屬於一門被稱為數位邏輯設計的專門領域,因此,關於這部分的知識已經遠遠地超越了本書的範圍,有興趣的讀者可以找找相關的參考書籍來閱讀補充,所以我們對於計數器的了解只要知道這樣就夠了。

最後,非同步計數器又被稱為漣波計數器。

本文參考與圖片引用出處:

- https://ja.wikipedia.org/wiki/%E3%83%95%E3%83%AA%E3%83%83%E3%83%97%E3%83%95%E3%83%AD%E3%83%83%E3%83%97

3.15 多工器與解多工器概說

在數位訊號當中,有時候輸入訊號(類比或數位)不一定只能只有一個,也可以是很多個,例如下面的多工器(Data Selector、Multiplexer,簡稱為:MUX)就是一種可以從多個輸入訊號當中,透過控制端來選擇其中一個訊號來進行輸出的電子元件,簡單來講就是多個輸入,1 個輸出:

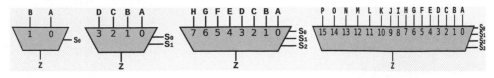

(此圖引用自維基百科)

在上圖當中，英文字母 AB 等到 P 表示輸入、S 表示選擇，而 Z 則表示輸出，從左至右的多工器分別是：

- 2 選 1 多工器：2 個輸入、1 個選擇以及 1 個輸出。
- 4 選 1 多工器：4 個輸入、2 個選擇以及 1 個輸出。
- 8 選 1 多工器：8 個輸入、3 個選擇以及 1 個輸出。
- 16 選 1 多工器：16 個輸入、4 個選擇以及 1 個輸出。

那有多工器應該也有解多工器（DEMUX），也就是 1 個輸入，多個輸出，例如下圖就是 1 個輸入對應到 4 個輸出的解多工器：

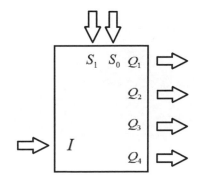

在上圖當中，I 是輸入、S_1 與 S_0 是控制訊號，而 Q_1 、 Q_2 、 Q_3 以及 Q_4 則是輸出端。

通常，多工器與解多工器會一起工作，例如下圖中左邊各個低速頻道的訊號通過多工器組合成一路之後便可以在高速頻道裡頭傳輸，而當訊號通過高速頻道抵達接收端之後，再由解多工器將高速頻道傳輸的訊號給轉換成多個低速頻道的訊號，並且轉發給對應的低速頻道（本段文字引用自維基百科）。

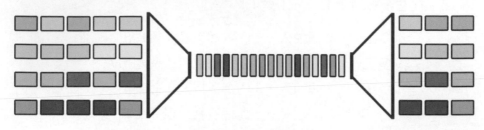

(此圖引用自維基百科)

📝 本文參考與圖片引用出處：

- https://zh.wikipedia.org/wiki/%E6%95%B0%E6%8D%AE%E9%80%89%E6%8B%A9%E5%99%A8

- https://zh.wikipedia.org/wiki/%E5%A4%9A%E8%B7%AF%E5%A4%8D%E7%94%A8

3.16 編碼器與解碼器概說

編碼器（Encoder）簡單來講就是把 M 條輸入給轉換成 N 種輸出，圖示如下所示：

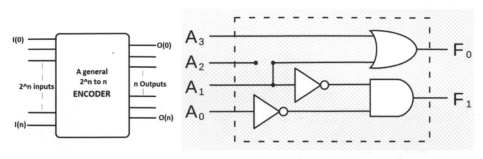

(此圖引用自維基百科)

在上圖當中，左圖是編碼器，至於右圖則是 4 對 2 編碼器的實際範例。

一般來講，編碼器會把資訊由一種格式給轉換成另外一種格式，例如對資料進行壓縮或保密等。

解碼器（Binary Decoder）簡單來講就是把 N 位輸入給轉換成 M 條輸出，圖示如下所示：

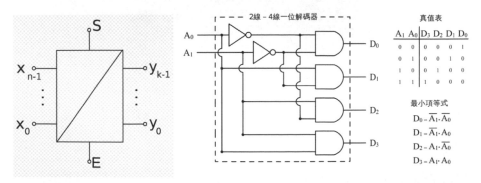

(此圖引用自維基百科)

在上圖當中，左圖是解碼器，至於右圖則是 2 線－4 線一位解碼器的實際範例。

> ✍ 本文參考與圖片引用出處：
>
> - https://en.wikipedia.org/wiki/Encoder_(digital)
>
> - https://zh.wikipedia.org/wiki/%E8%AF%91%E7%A0%81%E5%99%A8
>
> - https://ru.wikipedia.org/wiki/%D0%94%D0%B5%D1%88%D0%B8%D1%84%D1%80%D0%B0%D1%82%D0%BE%D1%80

3.17　微處理器簡介

微處理器（Microprocessor，縮寫為：μP 或 uP）是一種可程式化的特殊積體電路（本定義引用自維基百科），圖示如下所示：

(此圖引用自維基百科)

原則上，MPU 會因為不同的應用而有不同的名稱，以下就是：

1. 處理通用資料：稱為中央處理器（Central Processing Unit）

2. 處理圖像資料：稱為圖形處理器（Graphics Processing Unit）

3. 處理音訊資料：稱為音訊處理單元（Audio Processing Unit）

　　而 MPU 這個名字的由來，主要是因為當時候的晶片製程已經進入了 1 微米的階段，更重要的是，其內部整合了大數量的微型電晶體與電子元件。

📝 本文參考與圖片引用出處：

- https://zh.wikipedia.org/wiki/%E5%BE%AE%E5%A4%84%E7%90%8 6%E5%99%A8

量子物理學簡介

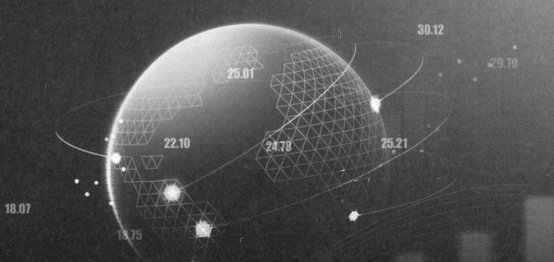

30.12

29.79

25.01

22.10   24.78   25.21

18.07

18.75

4.1 引言

　　在前面，我們已經看到了量子穿隧效應是如何地應用在快閃記憶體當中，其實，真的想要研究半導體的話，就必須得先研究量子物理，因為量子物理所探討的內容全都是微觀世界裡頭的現象，而你看看，我們的晶片越做越小，所以這時候量子效應便會非常地明顯，因此，了解量子物理就變成了想要學習與研究半導體的第一堂課。

　　我們今天之所以能夠使用電腦，全拜量子物理所賜，沒有量子物理，就等於沒有半導體基礎，沒有半導體基礎也就等於沒有今天的積體電路，沒有積體電路，也就沒有手機等現代科技產品，所以本章要來簡介一下量子物理的基本概念。

4.2 粒子的基本概念

　　在講解粒子的基本概念之前，讓我們先來看看下面這張圖：

(此圖引用自維基百科)

　　上圖是一位電弧焊工人正在工作時的場景，圖中的工人會在工作之前穿戴防護裝置，目的是為了保護自己在工作時，避免火花的噴出進而讓自己受到傷害，而所謂的火花，就是焊接時所噴發出來的金屬粒子，由於金屬粒子溫度甚高，所以如果不做好防護措施的話，往往會讓自己受到傷害。

　　粒子（Particle）就是佔有很小區域的物體，最簡單的狀況就是你把粒子給想像成一顆一顆非常小的小球那樣，而在物理學裡頭，對於粒子的描述則是有更深刻的見解，所謂的基本粒子指的是組成物質的最基本單位，例如說夸克就是一個很典型的例子：

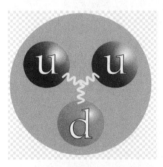

(此圖引用自維基百科)

　　在上圖當中，質子就是由二個上夸克及一個下夸克所組成。

📝 本文參考與引用出處：

- https://zh.wikipedia.org/wiki/%E7%B2%92%E5%AD%90

- https://zh.wikipedia.org/wiki/%E5%9F%BA%E6%9C%AC%E7%B2%92%E5%AD%90

- https://zh.wikipedia.org/wiki/%E5%A4%B8%E5%85%8B

4.3 雙狹縫實驗概說

　　光是一種電磁波，而電磁波也是一種波，那怎麼證明光確實是一種波呢？讓我們來看看下面的實驗：

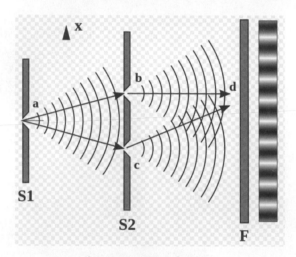

(此圖引用自維基百科)

　　在上圖中，S1 上有光源 a，而光從光源 a 出發之後，會抵達不透明板 S2，並通過 S2 上的雙狹縫 b 與 c，最後抵達探測屏 F，注意，由於干涉，所以當光抵達 F 之時，會出現黑白相間的情況出現，上面的實驗結果各位可能有點難以理解，讓我們來看看真實的情況：

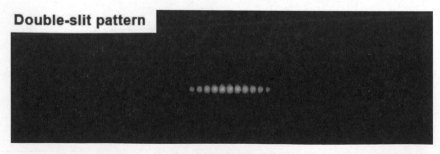

(此圖引用自維基百科)

各位可以看到，當光通過雙狹縫之時所出現的干涉條紋，這大大地證明了，光本身具有波動性。

✏️ 本文參考與引用出處：

- https://zh.wikipedia.org/wiki/%E6%A5%8A%E6%B0%8F%E5%B9%B2%E6%B6%89%E5%AF%A6%E9%A9%97

- https://zh.wikipedia.org/wiki/%E9%9B%99%E7%B8%AB%E5%AF%A6%E9%A9%97#%E9%87%8F%E5%AD%90%E5%8A%9B%E5%AD%A6%E7%BB%93%E6%9E%9C

4.4 電子的雙狹縫實驗

前面，我們已經講解了干涉與雙狹縫實驗的基本概念，後來，有人把雙狹縫實驗當中的光給替換成了電子，「理論上」來說，由於電子是粒子，就像我們日常生活裡頭的球那樣，所以當電子在通過雙狹縫之時並不會出現干涉現象，且實驗結果應該是如下圖所示：

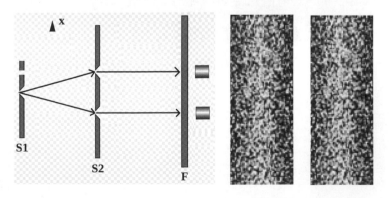

▲ 右圖為電子「理論上」的分佈結果(此圖引用自維基百科，並由作者修改)

但「實際上」卻證明出，當電子通過雙狹縫之後的實驗結果卻出現了干涉現象：

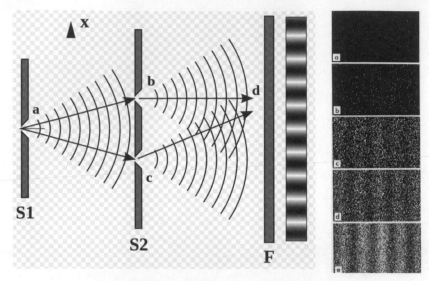

(此圖引用自維基百科，並由作者修改)

各位可以仔細看一下，在上圖右當中，a~e 的實驗差異主要是電子的數量，也就是圖 a 中的電子數量最少，至於圖 b 則是增加了一點點的電子數量，接著不斷地增加電子數量，最後電子數量最多的則是圖 e，那現在問題來了，從上面的圖 e 當中，你發現到了什麼？

為了讓各位能夠更清楚地了解到電子通過雙狹縫之後的實驗結果，現在，讓我們再來看個實驗，以下是電子雙狹縫實驗的數值模擬，而實驗引用自維基百科：

- 左圖：電子從左邊發射，其中，強度越強，則顏色越偏向於淺藍色。
- 右圖：電子抵達探測屏之時的結果。

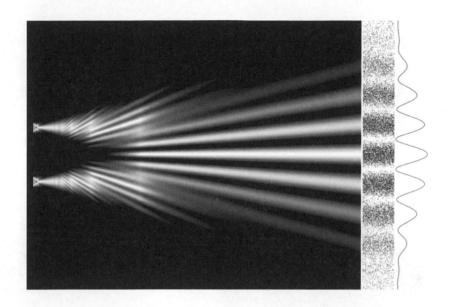

你一定會問，電子不是一顆一顆的粒子嗎？那為什麼這些圖的結果卻是在證明電子本身卻具有波的特性呢？

關於這個問題，我們暫時先不討論，只要知道有這個現象的存在就好。

📝 本文參考與引用出處：

- https://zh.wikipedia.org/wiki/%E9%9B%99%E7%B8%AB%E5%AF%A6%E9%A9%97#%E9%87%8F%E5%AD%90%E5%8A%9B%E5%AD%A6%E7%BB%93%E6%9E%9C

- https://en.wikipedia.org/wiki/Double-slit_experiment

4.5 電子呈現波的關鍵證據

在前面，我們說明了電子在雙狹縫當中的分布情況，那個分布情況告訴我們，電子在屏幕上的行為就跟波一樣，但是呢！我們卻沒有真正地看到電子就是波的那一面，直到後來，有科學家用實驗來呈現出電子具有波的樣貌：

(此圖引用自維基百科)

在上圖當中：

- 左圖：水波圖樣。
- 右圖：有一圈柵欄圈住了某一個區域，且區域內有波，那個波就是電子。

看到此，我想各位心裡頭一定會想，那到底電子是波還是粒子？為什麼在自然界裡頭，物質會有兩種完全不同的面向，而不是只有一種面向呢？以及，我們人類與我們日常生活周遭的物質，也都是由電子等基本粒子所組成，那我們是不是也有變成波的時候呢？

好了，關於上面的那些問題，我們就暫時先放到一邊去，讓我們先來講講目前科學界對於波與粒子所公認的結果，那就是：

1. 波可以呈現出粒子的性質。
2. 粒子可以呈現出波的性質。

而這結論，我們就稱為波粒二象性（Wave－Particle Duality）。

📓 本文參考與引用出處：

- https://zh.wikipedia.org/wiki/%E6%B3%A2

- https://en.wikipedia.org/wiki/Quantum_mirage

4.6 普朗克黑體輻射定律概說

紅外線（Infrared，簡稱為 IR）是一種波長介於微波與可見光之間的電磁波，我們知道，任何物體不論溫度多少，一定都會輻射出電磁波，而有的物體在高熱狀態之下所輻射出來的電磁波是在可見光的範圍之內，例如說太陽，由於太陽表面的溫度高達 6000K，所以顯示出來的光就是黃色的。

但有的物體在溫度較低的情況之下，所輻射出來的可見光就非常地微小，所以在這種情況之下是不可能看得到物體發光，以狗為例，狗本身無法輻射出足夠的可見光，因此，在暗室之內是無法用肉眼來看到狗，但話雖如此，狗依舊還是會輻射出電磁波，只是這個電磁波位於紅外光區，所以說可以用像是紅外線掃描器這種特殊的儀器來把狗給偵測出來，情況如下所示：

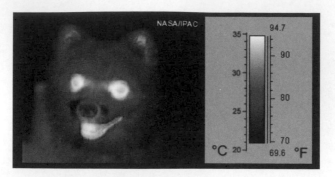

(此圖引用自維基百科)

　　一個物體本身所輻射出來的電磁波強度會隨著波長而做變化,而這種情況對於完全黑體來說也是一樣,一個由完全黑體所輻射出來的電磁波強度也會隨著波長而做變化,情況如下所示::

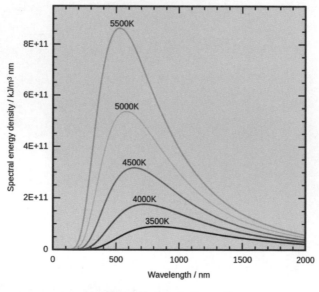

(此圖引用自維基百科)

　　在上圖當中,對溫度較高的曲線而言,波長的強度也會增加,以及在此請各位注意一點,增加幅度最大的地方是波長的較短之處。

　　物理學家普朗克於西元 1900 年之時，認為可以把黑體給看成一個大的原子振盪器，且每一個原子振盪器都會吸收以及輻射出電磁波，並藉此來得出黑體輻射曲線，同時，為了讓理論可以符合實驗結果，這時候普朗克假設原子振盪器的能量 E 是不連續的數值，例如說：

$$E = 0 \ 、\ E = hf \ 、\ E = 2hf \ 、\ E = 3hf \ ..... \ E = nhf \ ，\ n = 1,2,3.....$$

其中：

- n：正整數
- f：振動頻率（單位為 hertz）
- h：普朗克常數 $= 6.62607015 \times 10^{-34} \text{ J} \cdot \text{s}$

　　像能量這種不連續的變化，我們就稱之為能量的量子化，能量的量子化說明了一點，那就是能量是不連續的數值，也就是說兩個能量之間是沒有任何的能量，例如說當能量 $E = 2hf$ 之時，下一個能量就會是 $E = 3hf$，也就是說，在 $E = 2hf$ 與 $E = 3hf$ 之間是沒有任何的能量。

　　能量的量子化開啟了全新的物理概念，並且為後面的量子物理打下了一個很重要的基礎理論。

📝 本文參考與引用出處：

- https://zh.wikipedia.org/wiki/%E7%BA%A2%E5%A4%96%E7%BA%BF

- https://zh.wikipedia.org/wiki/%E6%99%AE%E6%9C%97%E5%85%8B%E9%BB%91%E4%BD%93%E8%BE%90%E5%B0%84%E5%AE%9A%E5%BE%8B

4.7 電子在同一時間出現在不同地方

前面，我們講解了雙狹縫的實驗，那時候也說明了電子的粒子性與波動性，其實，關於雙狹縫的實驗結果有很多種詮釋方式，由於本書並非專門在講述量子物理，所以我們就直接講解目前科學界所公認的主流詮釋。

讓我們回到雙狹縫實驗：

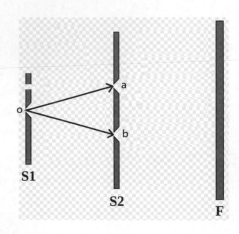

假設現在有一顆電子從 S1 的 o 出發，當電子抵達 S2 的時候，此時，這一顆電子會同時通過 a 與 b 這兩個狹縫而往 F 的方向走去，並且還會與自己發生干涉，也就是說，這一顆電子會在同一時間位於兩個不同的地方，在此請各位注意一點，不是一顆電子分成兩半，而是一顆電子同時位於兩個（甚至是多個）地方。

再來看另外一個例子，如果把一顆電子給丟進一個箱子裡頭去，如下圖中的情況 A 所示：

接著用一個隔板把 A 給隔成兩半 C 與 D，情況如上圖中的 B 所示，對 B 來說，這時候這一顆電子會同時出現在 C 與 D 當中，在此請各位注意一點，不是一顆電子分成兩半位於 C 與 D 這兩個地方，而是一顆電子同時位於 C 與 D 這兩個地方。

像電子的這種現象，我們就稱為狀態共存，而狀態共存也被稱為疊加。

4.8 量子物理學當中的機率概說

看完了上一節的內容之後，我相信各位一定都會覺得非常不可思議，這世界上竟然有東西可以在同一時間位於兩個甚至是多個不同的地方，這簡直就跟漫畫中的分身術沒兩樣。

於是，接下來我們要從這個分身術出發，從機率的角度來探討前面的內容。

我們說，在雙狹縫實驗當中，電子可以同時穿過 a 與 b 那兩個狹縫口，所以，這就衍伸出兩個概念：

1. 現實世界：電子穿過 a 的機率是 50%，穿過 b 的機率也是 50%。
2. 量子物理：電子同時穿過 a 與 b，機率各為 50%。

對於上面的說法對很多人來說可能很難理解，打個或許不是很正確，但我已經想不出任何更好的比喻，假設爸爸現在正在公司上班，兒子則是一人在家，如果爸爸想要知道兒子是不是在家裡頭睡覺，那爸爸只要打電話回家問兒子之後就知道了，於是我們可以有兩個預測：

1. 現實世界：兒子睡覺的機率是 50%，兒子不睡覺的機率也是 50%。

2. 量子物理：兒子同時睡覺也沒睡覺，機率各為 50%。

看到這，很多人可能會心生疑惑，這世界上怎麼會有這樣的事情？有人竟然可以同時睡覺與不睡覺，關於這個問題，我們就先別去管它，只要知道有這個結果就好，下一節，我們要來看一個反駁機率的例子，這個例子在科學史上非常有名，可以說是給機率詮釋狠狠地插上了一刀。

4.9 薛丁格的貓簡介

以機率來詮釋量子物理曾經惹來了一票古典物理學家們的不滿，其中有一位名為薛丁格的物理學家便設計了一個思想實驗，並藉此來反駁機率的說法，讓我們來看看他怎麼設計這個思想實驗。

假設，把一隻貓、裝有毒氣的瓶子、鐵鎚、偵測器以及放射性物質等給放進沒有人觀測的盒子裡，且在放完之後把盒子給蓋上，讓盒子呈現偵探小說當中的密室狀態。

實驗的方式很簡單，如果盒子裡頭的偵測器偵測到衰變粒子之時，這時候偵測器便會立刻啟動鐵鎚，接著鐵鎚打破玻璃瓶，然後釋放出毒氣，最後毒死這隻貓，圖示如下所示：

(此圖引用自維基百科)

　　根據機率的説法，在實驗進行時，貓活著的機率是 50%，而貓死的機率也是 50%，且貓的死活狀態會同時出現，也就是説，在盒子沒被打開觀察的情況之下，貓會同時處於一種又生又死的矛盾狀態，而這種狀態就是前面所説過的疊加。

　　有趣的是，此時如果有人打開盒子，並觀察到盒子的內部之時，這人只會看到貓不是死就是活，而不是同時處於又生又死的貓，像這種打開箱子，只出現貓的一種狀態就稱為塌縮。

　　這個思想實驗最精采的地方就在於，薛丁格從微觀的角度出發，並連結到巨觀世界，他最主要的目的是藉此來反駁機率，過程完全不需要用到高深的數學模型。

　　最後給大家一個作業，如果是你，你該怎麼反駁機率？

📝 本文參考與引用出處：

- https://zh.wikipedia.org/wiki/%E8%96%9B%E5%AE%9A%E8%B0%94%E7%8C%AB

4.10　自旋簡介

　　自旋（Spin）是一個很抽象的概念，在我們的日常生活裡，對於自旋最簡單的解釋就是自轉，例如你玩過籃球，你看過有人用手指在轉籃球，像這種轉動就是自轉，而量子物理中的自旋則是勉強可以用自轉來解釋，但並不完全正確。

　　在上面的例子當中，籃球可以分成兩種轉向，一種是上自旋，而另一種則是下自旋，圖示如下所示：

上自旋　　下自旋

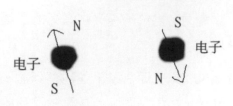

(此圖引用自維基百科)

　　上面對於自旋的概念，原則上適用於日常生活中，而接下來，我要來解釋量子物理當中幾種自旋的狀況。

1. 自旋為 0 的粒子：

　　自旋為 0 的粒子的最大特點就是，不管粒子從什麼方向看都一樣，這時候的粒子就如同一個點。

2. 自旋為 1 的粒子：

(此圖引用自維基百科)

自旋為 1 的粒子的最大特點就是，粒子在轉了 360 度之後便看起來一樣，這情況就如同上面的黑桃 A，順時鐘或逆時鐘轉了 360 度後，仍然是原來的黑桃 A。

3. 自旋為 2 的粒子：

(此圖引用自維基百科)

自旋為 2 的粒子的最大特點就是，粒子在轉了 180 度之後便看起來一樣，這情況就如同上面的紅心 J，順時鐘或逆時鐘轉了 180 度後，仍然是原來的紅心 J。

4. 自旋為 $\frac{1}{2}$ 的粒子：

沒有範例。

自旋為 $\frac{1}{2}$ 的粒子的最大特點就是，粒子在轉了 2 圈之後便看起來一樣，可惜的是，在現實生活中並沒有任何東西可以來比喻這種情況，各位只能知道但沒辦法想像。

在看完了上面的內容之後，我要告訴各位幾點注意事項：

1. 在量子物理的世界裡，自旋並不等於自轉。
2. 在自旋的介紹當中，我用了撲克牌來比喻，但實際上要用的其實是粒子。
3. 在量子物理的世界裡，自旋只是一種特性，只能用數學來表示。

自旋是一種很抽象，而且很難解釋的物理名詞，在這裡，我要引用一篇報導，〈電子自旋引爆下一代記憶體革命—錢嘉陵院士專訪〉（引用自中央研究院-研之有物專欄），其中有一段話各位可以看一看：

錢嘉陵解釋：「電子是個體積無限小的粒子，沒有體積，所以不可能轉動，自旋完全是量子力學的概念。」沒有體積，卻有角動量，量子世界就是這麼不可思議！

在上面的內容當中，角動量就是轉動時一種運動的量，各位不要想太多，只要簡單地想像成轉動就好了，而錢嘉陵院士這段對於自旋的解說可以幫助各位來了解一下，量子力學的自旋到底是什麼樣的一個概念。

本文參考與引用出處：

- https://zh.wikipedia.org/wiki/%E8%87%AA%E6%97%8B

- https://zh.wikipedia.org/wiki/%E6%89%91%E5%85%8B%E7%89%8C

- https://research.sinica.edu.tw/chien-chia-ling-spin-electron-hard-disk/

4.11 塌縮簡介

在前面，我們曾經提到過塌縮的基本概念，而現在，我們則是要把塌縮這個基本概念給拿來解釋電子。

在雙狹縫實驗裡頭，當沒有人去觀測電子之時，電子會以波的形式同時通過雙狹縫，但如果這時候有人去觀測電子的話，此時電子就會從波瞬間變化成一個集中於一點的尖銳波，而這個尖銳波使得電子看起來彷彿就像是顆粒子一樣，圖示如下所示：

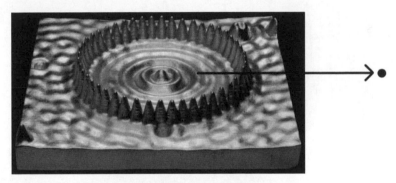

(此圖引用自維基百科)

像電子這種從波瞬間變化成尖銳波的情況，我們就稱為塌縮，不但如此，電子出現在哪，完全會依照機率來決定，有趣的是塌縮現象至今仍無法解釋，各位只要知道有這個現象就好。

本文參考與引用出處：

- https://en.wikipedia.org/wiki/Quantum_mirage

4.12 電子波的物理意義

前面，我們知道的電子本身也是一種波，也就是電子波，那電子波的物理意義是什麼？簡單來講，電子波的物理意義就是發現電子機率的波，例如說，下圖左是觀測前的電子波，至於下圖右則是觀測後的電子波，而從左圖變化到右圖之時，則是歷經了塌縮。

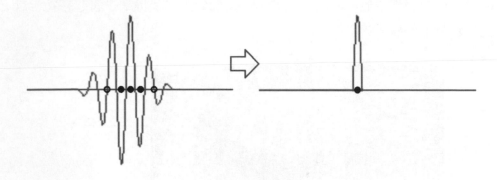

(此圖引用自維基百科)

在上圖左當中，電子波的波峰頂端與波谷底端是發現到電子機率最大的地方，注意，一顆電子同時出現於有波形的地方，如圖中的實心球所示；至於電子波與水平軸的交會之處，發現到電子的機率則是為 0，如圖中的空心球所示。

而在上圖右當中，當執行觀測之時塌縮發生，也就是電子波瞬間集中於一處，如圖中的實心球所示，以及除了波峰處會發現電子之外，其餘各處均為水平線，因此水平線的部分不會發現到電子。

在這裡，描述電子波的數學式子就稱為波函數，而這部分的內容屬於薛丁格方程式，所以我們大概知道就好。

📝 本文參考與引用出處：

- https://en.wikipedia.org/wiki/Wave

- https://zh.wikipedia.org/wiki/%E8%96%9B%E5%AE%9A%E8%B0
%94%E6%96%B9%E7%A8%8B

4.13　在雙狹縫實驗中對電子觀察

　　在量子物理發展的早期，機率與疊加的詮釋很難說服眾多的物理學家，我想，閱讀本書的各位讀者們心裡頭應該也這樣想，這世界上怎麼會有機率與疊加這回事，如果把電子給比喻成籃球，當把一顆籃球從兩道門丟過去之時，在沒有人觀測的情況之下，籃球會瞬間從兩道門同時穿過去。

　　於是有人想說，不如乾脆這樣，與其要用機率與疊加來詮釋量子物理，怎麼不就直接觀測雙狹縫當中的電子呢？這樣一來不就知道電子到底是從哪個狹縫通過去，何必用機率與疊加來詮釋電子到底是通過哪個狹縫。

　　這個想法很好，也很直接，於是現在就讓我們來看看實驗內容與實驗結果：

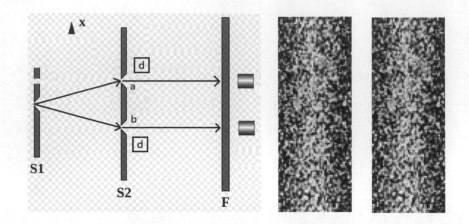

在上面的實驗內容當中，我們在雙狹縫 a 與 b 的附近分別裝設了偵測器 d，只要電子一通過雙狹縫 a 或 b 之時，偵測器 d 便會立刻偵測到電子，這樣一來，不就知道電子到底是通過 a 或 b 哪個狹縫口了嗎？

很棒的主意，但裝設偵測器 d 的這個舉動卻影響到了電子，導致電子在 F 上便不會出現干涉條紋，而是我們前面說過的，理論上電子是粒子的行為，也就是粒子在雙狹縫當中所呈現的古典情況。

根據目前量子物理的主流詮釋，觀測行為會造成電子波的塌縮，使得電子瞬間呈現出粒子的樣貌出來，不但如此，如果電子波和巨觀物體發生交互作用，例如撞擊之時，塌縮現象也會跟著出現。

4.14 測不準原理概說

在講解測不準原理的基本概念之前，讓我們先來看看繞射（Diffraction），繞射又名衍射，指的是當波遇到障礙物之時會偏離原來的傳播路徑，例如下面兩圖當中，波都遇到障礙物，差別只在於左圖的障礙物開口大，而右圖的障礙物開口小，圖示如下所示：

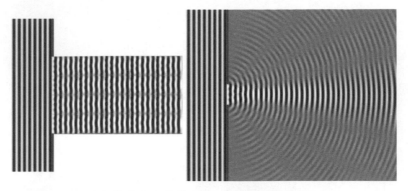

(此圖引用自維基百科，並由作者修改)

- 在左圖當中：由於障礙物開口大，所以波在通過障礙物之後，波幾乎會筆直前進。
- 在右圖當中：由於障礙物開口小，所以波在通過障礙物之後，波幾乎會擴散前進。

電子波的情況與上面的情況一樣，所以這時候便可以得出兩個結論：

1. 由於障礙物開口大，所以當電子波在通過障礙物之時，無法得知電子在障礙物開口的位置，所以電子位置的不確定度很大，但知道電子波會筆直前進，因此，電子的運動方向的不確定度很小。

2. 由於障礙物開口小，所以當電子波在通過障礙物之時，電子位置的不確定度很小，但知道電子波會擴散前進，因此，電子的運動方向的不確定度很大。

以上的結論，就是所謂的測不準原理（Uncertainty Principle）。

測不準原理根據不同的情況而有不同的表達方式，其中比較常看到的描述是無法同時確定粒子的位置與動量，在此，我們先解釋一下什麼是動量，所謂的動量是物體的質量和速度的乘積，而從速度當中我們可以知道物體的運動方向，也就是說：

1. 位置的不準度越小，則動量的不準度越大。
2. 位置的不準度越大，則動量的不準度越小。

寫成數學式子的話就是：

$$\Delta x \Delta p \geq \frac{h}{4\pi}$$

其中：

Δx：位置不準度。

Δp：動量不準度。

所以假如：

1. 完全確定粒子的位置，則粒子的動量完全無法測定。
2. 完全確定粒子的動量，則粒子的位置完全無法測定。

因此，不可能同時確定粒子的位置與動量（或運動方向），這是測不準原理的重要精神。

最後另提一點，關於測不準原理還有另外一種表達方式，這個表達方式也非常重要，描述的對象是能量與時間兩者之間的關係：

$$\Delta E \Delta t \geq \frac{h}{4\pi}$$

其中：

ΔE：能量不準度。

Δt：時間間隔。

4.15 EPR 悖論簡介

在講解 EPR 悖論的基本概念之前，讓我們先來看看兩個很重要的基本概念：

1. 局域性原理：一個物體只能被周遭的力量所影響，例如說當某一地方（假設是東京）發生了一件事情，這件事情無法立即影響到另外一個地方（假設是紐約），或者是說，當事情發生之時，若要把事情發生之時的資訊給傳播出去，則一定需要時間，如果把這觀念給搭上狹義相對論的話，則傳播資訊之時的速度上限為光速，因此不存在像科幻小說當中的那種超距作用。

2. 非局域性原理：在遠距情況之下，物體與物體之間可以互相影響，例如說當某一地方（假設是東京）發生了一件事情，這件事情可以立即影響到另外一個地方（假設是紐約），或者是說，當事情發生之時，若要把事情發生之時的資訊給傳播出去，則完全不需要時間，如果把這觀念給搭上狹義相對論的話，則會與狹義相對論發生嚴重的矛盾情況，因此存在像科幻小說當中的那種超距作用。

愛因斯坦發現到，若根據波函數的統計詮釋、塌縮，以及一個物理系統在測量之前都沒有明確的狀態的話，則非局域性原理會出現，讓我們來看看這件事情的始末。

　　1935 年，愛因斯坦、波多爾斯基與羅森等三人共同發表了一篇名為《能認為量子力學對物理實在的描述是完全的嗎？》（Can Quantum-Mechanical Description of Physical Reality Be Considered Complete？本論文簡稱為「EPR 論文」或者是「EPR 悖論」）的論文，論文中的主要內容是藉由檢驗兩個正處於量子糾纏態的粒子所呈現出來的物理行為，而這物理行為的結果證明出量子物理本身確實存在非局域性原理。

　　這樣講太抽象了，讓我們來看個例子，我們都知道，電子本身具有自旋的特性在，以簡單的方式來設想，就是上自旋↑與下自旋↓，圖示如下所示（下圖引用自維基百科）：

　　假設上圖中的兩顆粒子彼此之間發生了「糾纏」這種交互作用之後，這兩顆粒子分別被射到銀河系的兩端，此時這兩顆粒子之間的距離非常遙遠，並且這兩顆粒子的自旋都沒有確定的狀態，圖示如下所示（下圖引用自維基百科，並由作者修改）：

　　這時候，有一隻滿懷好奇心的貓對銀河系一端的粒子進行了測量，並假設這隻貓所測量到的粒子是上自旋的話，這時候位於銀河系另一端的粒子，其自旋就一定是下自旋，圖示如下所示（下圖引用自維基百科，並由作者修改）：

在上圖當中，C 表示貓所測量到的粒子，又或者是貓所測量到的粒子是下自旋的話，那這時候位於銀河系另一端的粒子，其自旋就一定是上自旋（下圖引用自維基百科，並由作者修改）：

像這種測量之時瞬間發生效應的情況，就是我們前面所說過的非局域性原理。

這個結論一出，立刻轟動了當時的物理學界，但話雖如此，卻沒有任何一套實驗能夠證明出 EPR 論文當中的內容，直到 1964 年，物理學家約翰‧貝爾才提出一個理論，而到了 1980 年代初期，才由阿蘭‧阿斯佩（法語：Alain Aspect）設計出一套實驗，實驗結果證明出量子物理當中確實存在非局域性原理，也就是說，在某一處上所發生的量子事件可以瞬間影響到另一位置的量子事件，並且無法在兩者之間找出存在任何的交流機制。

對此現象，又稱為量子糾纏（Quantum Entanglement），量子糾纏只發生於量子系統當中，在古典物理學裡頭並不存在量子糾纏這種現象。

最後我要說的是，EPR 論文非常精采，雖然說後來的物理學家證明出量子物理確實存在非局域性原理，但這篇論文的影響所及不只如此而已，EPR 論文更直接地帶動了後來的量子資訊科學（Quantum Information Science）與量子電腦（也稱為量子計算機 Quantum Computer）的誕生與發展。

本文參考與圖片引用出處：

- https://zh.wikipedia.org/wiki/%E5%85%89%E7%94%B5%E6%95%88%E5%BA%94

- https://zh.wikipedia.org/wiki/%E8%87%AA%E6%97%8B

- https://zh.wikipedia.org/wiki/%E5%AE%9A%E5%9F%9F%E6%80%A7%E5%8E%9F%E7%90%86

- https://zh.wikipedia.org/wiki/%E7%88%B1%E5%9B%A0%E6%96%AF%E5%9D%A6-%E6%B3%A2%E5%A4%9A%E5%B0%94%E6%96%AF%E5%9F%BA-%E7%BD%97%E6%A3%AE%E4%BD%AF%E8%B0%AC#%E8%B2%9D%E7%88%BE%E4%B8%8D%E7%AD%89%E5%BC%8F

- https://zh.wikipedia.org/wiki/%E7%B4%84%E7%BF%B0%C2%B7E8%B2%9D%E7%88%BE

- https://zh.wikipedia.org/wiki/%E9%87%8F%E5%AD%90%E7%BA%8F%E7%B5%90

- https://zh.wikipedia.org/wiki/%E9%87%8F%E5%AD%90%E4%BF%A1%E6%81%AF%E7%A7%91%E5%AD%A6

- https://zh.wikipedia.org/wiki/%E9%87%8F%E5%AD%90%E8%AE%A1%E7%AE%97%E6%9C%BA

- https://zh.wikipedia.org/wiki/%E9%98%BF%E5%85%B0%C2%B7E9%98%BF%E6%96%AF%E4%BD%A9

- https://zh.wikipedia.org/wiki/%E8%B4%9D%E5%B0%94%E5%AE%9A%E7%90%86

量子物理學的
課後補給

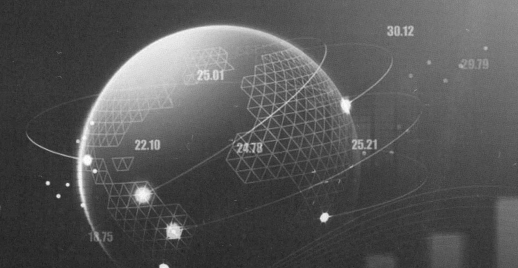

5.1 引言

上一章，我們講解了量子物理學的基本概念，而這一章，我們則是要針對上一章所講解過的量子物理學再多些內容上的補充，這些補充非常重要，尤其是對半導體當中的太陽能與晶體等技術更是下了一個很重要的基礎理論。

5.2 光電效應概說

光電效應（Photoelectric Effect）的主要內容是說，當光照射到金屬表面上之時，此時金屬表面上的電子會受到激發，接著電子離開金屬表面而開始移動，圖示如下所示：

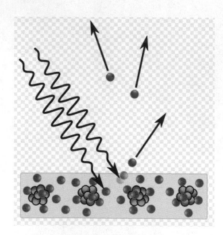

(此圖引用自維基百科)

在上圖當中，左上方的光照射到金屬表面上，這時候，金屬表面上的電子受到激發之後而往右上方移動。

關於上面的論述，在此讓我們補充幾點：

1. 照射光的頻率夠高。
2. 把照射光給看成粒子，也就是所謂的光子（Photon）。
3. 因光照射而受到激發的電子也被稱為光電子。

在繼續講解光電效應的基本原理之前，請各位回想一下普朗克黑體輻射定律，在普朗克黑體輻射定律當中，我們說能量是不連續的數值或者說能量的量子化，而能量的量子化正是光電效應的基礎理論，這主要是因為頻率 f 的光可視為一群不連續能量包的集合，且每一個能量包之內均含有一定的能量 E，也就是說光子的能量 E 就是：

$$E = hf$$

在上面的式子當中，h 是普朗克常數。

光電效應除了有科技上的應用之外，更重要的是，光電效應恰好證明了光本身除了具有波的特性之外，一樣也具有粒子的特性，而這正好呼應了前面所說過的波粒二象性（Wave－Particle Duality）。

📝 本文參考與圖片引用出處：

- https://zh.wikipedia.org/wiki/%E5%85%89%E7%94%B5%E6%95%88%E5%BA%94

5.3 功函數概說

功函數（Work Function）的意思是說，要讓一顆電子從固體的表面當中被激發出來，外界所必須提供的最小能量（能量通常是以電子伏特為單位），因此功函數又被稱為逸出功或者是功函。

　　功函數的概念也可以應用在光電效應當中，當光照射到金屬表面上或者是說當光子打到金屬表面上之時，光子會使得金屬表面上的電子能量增加，接著電子在適當時機逃出金屬表面，也就是說，光子所提供的功會跟電子被束縛的狀態有關。

　　當光子對電子做功，且電子正開始逃離金屬表面之時，此時的功 W_0 就是功函數，不過要是光子所做的功過多，這時候剩餘的光能就會成為電子的動能，讓我們來看下面的式子：

$$hf = KE_{\max} + W_0$$

其中：

- hf ：光子能量。
- $KE_{\max}$ ：被激發電子的最大動能。
- W_0 ：激發電子時所需要的最小功。

下表是一些金屬的功函數：

金屬	功函數	金屬	功函數	金屬	功函數	金屬	功函數	金屬	功函數	金屬	功函數
Ag	4.26	Al	4.28	As	3.75	Au	5.1	B	4.45	Ba	2.7
Be	4.98	Bi	4.22	C	5	Ca	2.87	Cd	4.22	Ce	2.9
Co	5	Cr	4.5	Cs	2.14	Cu	4.65	Eu	2.5	Fe	4.5
Ga	4.2	Gd	3.1	Hf	3.9	Hg	4.49	In	4.12	Ir	5.27
K	2.3	La	3.5	Li	2.9	Lu	3.3	Mg	3.66	Mn	4.1
Mo	4.6	Na	2.75	Nb	4.3	Nd	3.2	Ni	5.15	Os	4.83
Pb	4.25	Pt	5.65	Rb	2.16	Re	4.96	Rh	4.98	Ru	4.71
Sb	4.55	Sc	3.5	Se	5.9	Si	4.85	Sm	2.7	Sn	4.42
Sr	2.59	Ta	4.25	Tb	3	Te	4.95	Th	3.4	Ti	4.33
Tl	3.84	U	3.63	V	4.3	W	4.55	Y	3.1	Zn	4.33
Zr	4.05										

(此表引用自維基百科)

📝 本文參考與圖片引用出處：

- https://zh.wikipedia.org/wiki/%E5%8A%9F%E5%87%BD%E6%95%B0

- https://zh.wikipedia.org/wiki/%E5%85%89%E7%94%B5%E6%95%88%E5%BA%94

5.4 物質波概說

從光電效應當中我們知道，光既然有粒子性，那粒子應該也有波動性，所以本節的主題物質波（Matter Waves）講的就是這件事。

物質波的意義是說，運動中的物質都具有相對應的波長，寫成數學式子的話就是：

$$\lambda = \frac{h}{p}$$

其中：

- λ：粒子的波長。
- h：普朗克常數。
- p：粒子的動量。

物質波說明了一點，那就是所有的物質都會呈現出波動性，例如說電子可以像水波那樣發生繞射，那各位讀者們心裡頭一定會問，既然所有的物質都會呈現出波動性，那棒球比賽當中所使用的棒球是不是也會呈現出波動性？

答案是 Yes，只是說棒球的波長太小，導致於物質波在我們的日常生活中幾乎可以略去。

物質波的說法後來被中子繞射實驗所證實，也就是說，所有的物質都會呈現出波動性，但前提是這物質的質量得夠小，因為如果質量太大，則物質波的波長會非常不明顯，讓我們來看數學式子：

$$\lambda = \frac{h}{p} = \frac{h}{mv}$$

所以：

1. 質量 m 越大，則 λ 越小，例如棒球，因此棒球的物質波非常不明顯。
2. 質量 m 越小，則 λ 越大，例如中子，因此中子的物質波非常地明顯。

5.5 波函數的物理意義

在量子物理學當中，波函數被解釋為機率波，表示粒子存在的機率，在雙狹縫實驗當中，是電子可能到達某個位置的機率，而波函數正是算出這些機率的數學式子。

讓我們回到雙狹縫實驗，假設讓我們封住下圖中的狹縫 c，這時候只留下狹縫 b，此時電子在 F 上的分布機率是 $\left|\Psi_b\right|^2$：

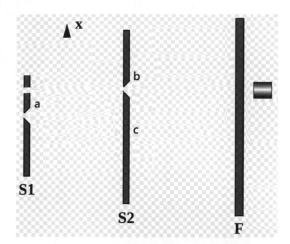

但如果這時候封住的是狹縫 b，這時候只留下狹縫 c，此時電子在 F 上的分布機率是 $\left|\Psi_c\right|^2$：

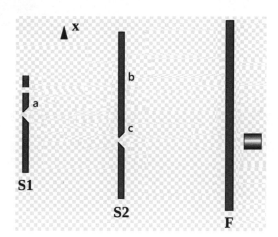

但如果這時候狹縫 b 與狹縫 c 都沒有被封住，也就是全開的話，此時電子在 F 上的分布機率是 $\left|\Psi_b+\Psi_c\right|^2$：

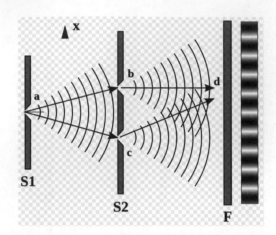

在這種情況之下，由於電子可能通過狹縫 b 或者是狹縫 c，因此是兩種狀態的疊加，所以結論就是：

1. 波函數本身沒有意義。
2. 波函數絕對值的平方表示電子出現在何處的機率，而這才有意義。
3. 狀態疊加是量子物理的一種特性。

上面這三點非常重要，可以說是主宰了目前整個量子物理學的關鍵核心。

5.6 關於粒子與電子雲的解釋

了解了前面的內容之後，很多人心裡頭一定會想，那到底所謂的粒子是什麼東西？這就要從古典物理學與量子物理學這兩種角度來看：

(右圖引用自維基百科)

在上圖當中：

- 左圖：古典物理學的粒子形象，其中，粒子實實在在，且沒有機率之說。
- 右圖：量子物理學的粒子形象，其中，圖內的濃淡程度表示機率的大小。

這兩種形象對於粒子的解釋完全不同，以下就是：

在古典物理學當中，粒子就是一顆實實在在的實體，並且可以確定粒子的位置。

在量子物理學當中，粒子並非實體且像雲那樣朦朧，用雲解釋電子的機率分布。

用雲來解釋電子的機率分布大大地改變了人類對於原子結構的認識，在以前，電子被認為是運行在原子核的外圍軌道上，但自從電子雲的說法出現之後，電子雲便取代了軌道，並且認為原子核是被朦朧的電子雲所包圍住，例如下面的氫原子模型就是一個例子：

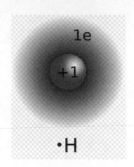

(此圖引用自維基百科)

在上圖當中，中間的地方是原子核，而包圍著原子核的那一層朦朧的「霧」：

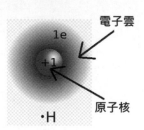

我們就稱為電子雲，電子雲的物理意義是發現電子的機率或者是電子出現的機率，例如說我們都有看過雲：

(此圖引用自維基百科)

雲有稠密：

也有稀疏的地方：

　　稠密的地方，我們就說那地方雲的密度高，而稀疏的地方，我們就說那地方雲的密度低。

　　對於雲的描述也可以套用在電子雲的上面，電子雲密度高的地方，則容易發現到電子，反之，電子雲密度低的地方，則不容易發現到電子，換

句話說，電子雲就是用來描述電子在原子核外所出現的機率，情況如下圖左所示：

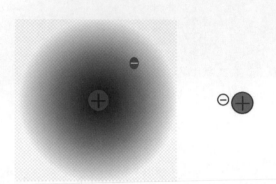

▲ 左圖中的負電符號表示電子，並非電子的實際位置(上圖均引用自維基百科)

當電子出現在某處之時，此時電子雲會瞬間消失，情況如上圖右所示。

✏️ 本文參考與引用出處：

- https://zh.wikipedia.org/wiki/%E4%BA%91

- https://zh.wikipedia.org/wiki/%E5%85%B1%E4%BB%B7%E9%94%AE

- https://zh.wikipedia.org/wiki/%E7%94%B5%E5%AD%90%E4%BA%91

- https://lv.wikipedia.org/wiki/Elektronu_m%C4%81konis

5.7 測量所帶來的最大難點

在講解本節的主題之前，讓我們先來看個例子，假設有一個學生（電子），這學生在下課後一定會離開學校（電子槍），至於這位學生去哪？我們可以用下面的式子來看看：

總足跡 100% = 餐廳 10% + 社團 15% + 籃球場 5% + 漫畫店 12% + 網咖 18% + 便利商店 5%+ 回家 35%

在量子物理學的解釋之下，當沒有人跟監這位學生之時，這位學生的足跡（狀態）是上面各種足跡的疊加，但如果這時候學校派人跟監，此時這位學生的足跡去哪立刻就會非常清楚，例如說：

總足跡 100% = 漫畫店 100%

像這種情況就是前面所講過的塌縮，塌縮也有人稱為波包縮併，意思是由幾個疊加在一起的波包瞬間收縮成一個，這主要是由測量所引起。

回到量子物理學，在量子物理學當中，測量會導致干涉的消失，這情況就跟學校派人跟監學生的情況一樣，於是這就引起了一個很大的問題，那就是測量一定會對被測量對象造成一定程度的干擾，因此，我們能得出下面三種假設：

- 假設一：測量，但會影響到被測量對象。
- 假設二：不測量，不會影響到被測量對象。
- 假設三：測量，不會影響到被測量對象。

其中假設三是不可能出現的，所以這就牽扯出一個問題，那到底真相是什麼？關於這個問題目前沒有答案，各位也不用去深究，只要知道有這個情況就好。

5.8 零點振動概說

在前面，我們曾經講解了測不準原理的基本概念，那時候我們說：

$$\Delta x \Delta p \geq \frac{h}{4\pi}$$

其中：

Δx：位置不準度。

Δp：動量不準度。

而本節的主題零點振動與測不準原理有關，讓我們來看個例子，把一顆球 b 給放進盒子裡頭去，這時候球會乖乖地靜止在盒子之內，情況如下圖左所示：

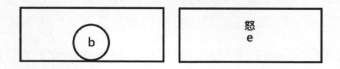

但如果把一顆電子 e 給放進盒子裡頭去，這時候靜止的電子便會開始發生暴動，情況如上圖右所示。

至於電子為什麼會這樣，這就要用測不準原理來解釋了，當電子被放進盒子裡頭去之後，此時電子位置的不準度變小，而動量的不準度變大，所以造成電子出現暴動的情況，也就是說，就算電子處於能量狀態最低的情況之時，動能也不一定為零，因此才有暴動的情況出現。

以上的現象，我們就稱為零點振動，而關於零點振動在此我們補充下面兩點：

1. 當盒子越小之時，則零點振動的情況會越明顯。

2.　就算是絕對零度，零點振動的現象依舊存在。

5.9　再論量子穿隧效應

前面，我們已經講解過量子穿隧效應的基本概念，現在，讓我們再對量子穿隧效應這個基本概念再做一個更簡單的介紹。

假設現在有一座山，山邊有一顆石頭被推到半山腰，但因為能量不夠，所以石頭無法越過山頂而到山的另外一邊去，情況如下圖左所示：

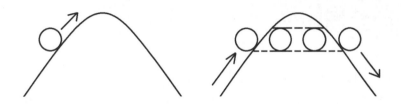

但量子穿隧效應的情況則是不一樣，在量子穿隧效應的情況之下，就算石頭沒有越過山頂的能量（也就是能量不夠），石頭彷彿能夠穿過山中的隧道，接著抵達山的另外一邊，情況如上圖右所示。

還有一個例子，例如說井底之蛙，在古典物理學當中，青蛙怎樣也都跳不出井，但在量子物理學當中，這隻青蛙可以有機會瞬間跳出這座井，然後逃到井的外頭去。

這樣想，應該可以幫助各位來思考量子穿隧效應的意義，不過在此補充一點，在這兩個例子當中全都有個前提，那就是山的厚度不能無限厚，以及井的深度不能無限深。

量子穿隧效應在半導體工業上有兩大應用：

1. 穿隧二極體：

西元 1958 年 8 月，由日本物理學家江崎玲於奈博士藉由量子穿隧效應而發明出穿隧二極體（Tunnel Diode），而穿隧二極體的基本原理就是讓電子穿過狹窄的空乏區，進而形成穿隧電流。

2. 快閃記憶體：

西元 1980 年，由日本物理學家舛岡富士雄博士藉由量子穿隧效應，讓電子穿過一層非常薄的氧化膜，並藉此來產生 0 與 1 的電子訊號，而這就是快閃記憶體（Flash Memory）的運作原理。

5.10 全同粒子

在我們的日常生活裡，除了雙胞胎以外，我們一定都可以分辨出誰是誰，例如說，A 與 B 是兩個不同的人，你不會把 A 給認成 B，也不會把 B 給認成 A，所以誰是誰，我們都可以分辨得很清楚。

但是對量子物理學的粒子們來說這事情可就不一樣了，在量子物理學的世界當中，A 電子與 B 電子是完全無法分辨，換句話說，誰是誰無法分辨出來，這情況就跟上面的 A 與 B 兩人的情況完全不同，像這種無法分辨誰是誰的粒子或者說無法分辨同種粒子，我們就稱為全同粒子（Identical Particles）。

在我們的日常生活中，各位都有玩過撞球的經驗吧？

如果你把 1 號球與 9 號球分別放在撞球檯上，然後讓那兩顆球相撞之後，這兩顆球往哪裡跑，以及誰是誰你都可以分得非常清楚，但是在量子物理學的世界裡，如果你把兩顆電子給撞在一起，這時候誰是誰你是沒辦法分得出來。

本文參考與引用出處：

- https://zh.wikipedia.org/wiki/%E6%92%9E%E7%90%83

5.11 電子組態簡介

在學習完了前面的內容之後，接下來我們要來看的主題是電子組態（Electron Configuration），所謂的電子組態指的是電子在原子（或分子）上的軌域（含分子軌域）的排列情形，透過電子組態我們可以掌握某一元素的基本結構。

而在講解電子組態的基本概念之前，讓我們先來看一個生活中的例子，假設現在有一個停車場，這停車場分好幾層，例如下面的七層：

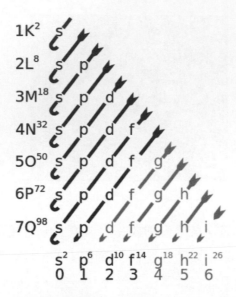

(此圖引用自維基百科)

而車子在停車場的每一層停車方式都不一樣，讓我們用個表來歸納：

樓層	停車位名稱與可停數量	停車總數量	停車情況
1	$S = 2$	2	↑↓
2	$S = 2$ $P = 6$	8	↑↓ ↑↓ ↑↓ ↑↓
3	$S = 2$ $P = 6$ $d = 10$	18	↑↓ ↑↓ ↑↓ ↑↓ ↑↓ ↑↓ ↑↓ ↑↓ ↑↓
4	$S = 2$ $P = 6$ $d = 10$ $f = 14$	32	↑↓ ↑↓ …以此類推

其中，停車情況當中的箭頭方向表示每一台車子的停車方向，例如說，箭頭朝上就表示車頭朝上，而箭頭朝下就表示車頭朝下，以停車位 s 來說，停車位 s 可以停兩台車，且兩台車的停車方向相反，且停車順序按照上圖中的箭頭指示來依序停放。

　　在了解了上面的情況之後，接下來就讓我們回到量子物理學，在量子物理學當中，車子就是電子，而電子會依照主量子數（樓層）與軌域（停車位名稱）來排列（停放）電子（車子），對初學者而言，想要學習電子組態最好的方法就是搭配下圖中電子的原子軌域與分子軌域圖，尤其是左圖的軌域圖表，那是電子按照能階排序的情況：

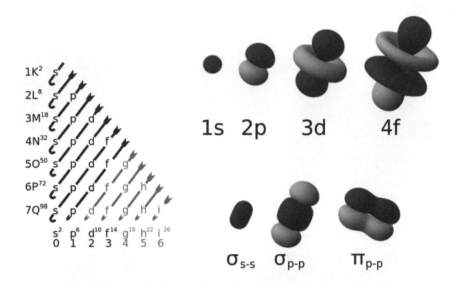

$$1s^2_2\,2s^2_4\,2p^6_{10}\,3s^2_{12}\,3p^6_{18}\,4s^2_{20}\,3d^{10}_{30}\,4p^6_{36}\,5s^2_{38}\,4d^{10}_{48}\,5p^6_{54}\,6s^2_{56}\,4f^{14}_{70}\,5d^{10}_{80}\,6p^6_{86}\,7s^2_{88}\,5f^{14}_{102}\,6d^{10}_{112}\,7p^6_{118}$$

（此圖引用自維基百科）

　　在上圖當中，跟本節最有關係的內容就是圖下方的這一列：

$$1s^2_2\,2s^2_4\,2p^6_{10}\,3s^2_{12}\,3p^6_{18}\,4s^2_{20}\,3d^{10}_{30}\,4p^6_{36}\,5s^2_{38}\,4d^{10}_{48}\,5p^6_{54}\,6s^2_{56}\,4f^{14}_{70}\,5d^{10}_{80}\,6p^6_{86}\,7s^2_{88}\,5f^{14}_{102}\,6d^{10}_{112}\,7p^6_{118}$$

　　這一列告訴我們電子的排列順序，也就是說，電子先從 $1s$ 軌域（排 2 顆電子，累積 2 顆電子）來開始排起，排完之後輪到 $2s$ 軌域（排 2 顆電子，累積 4 顆電子），接著是 $2p$ 軌域（排 6 顆電子，累積 10 顆電子）…

以此類推，為了簡單說明起見，讓我們以實際的元素來做說明，首先是氫原子：

原子序 元素符號 元素名稱：電子組態																										
基態原子電子組態																										
1s	2s	2p	3s	3p	3d	4s	4p	4d	4f	5s	5p	5d	5f	5g	6s	6p	6d	6f	7s	7p	7d	8s	8p	9s	9p
0 n 零號元素：無電子																									
1 H 氫：$1s^1$																									
$1s^1$																									
1																									

在氫原子當中，由於氫原子有 1 顆電子，所以其電子組態就是 $1s^1$。

接下來是氦原子：

2 He 氦：$1s^2$																									
$1s^2$																									
2																									

在氦原子當中，由於氦原子有 2 顆電子，所以其電子組態就是 $1s^2$。

接下來我們要注意的是，由於每一個軌域最多只能填入 2 顆電子，所以下一個元素鋰不是 $1s^3$，而是要填入 $2s$ 軌域當中為 $2s^1$：

3 Li 鋰：[He] $2s^1$																									
$1s^2$	$2s^1$																								
2	1																								

在鋰原子當中，由於鋰原子有 3 顆電子，所以其電子組態就是 $1s^2 2s^1$。

接下來是鈹原子：

4 Be 鈹：[He] $2s^2$																									
$1s^2$	$2s^2$																								
2	2																								

在鈹原子當中，由於鈹原子有 4 顆電子，所以其電子組態就是 $1s^2 2s^2$。

接下來是硼原子：

5 B 硼 : [He] 2s² 2p¹																					
1s²	2s²	2p¹																			
2		3																			

在硼原子當中，由於硼原子有 5 顆電子，所以其電子組態就是 $1s^2 2s^2 2p^1$。

接下來是碳原子：

6 C 碳 : [He] 2s² 2p²																					
1s²	2s²	2p²																			
2		4																			

在碳原子當中，由於碳原子有 6 顆電子，所以其電子組態就是 $1s^2 2s^2 2p^2$，後面的元素以此類推：

7 N 氮 : [He] 2s² 2p³																					
1s²	2s²	2p³																			
2		5																			
8 O 氧 : [He] 2s² 2p⁴																					
1s²	2s²	2p⁴																			
2		6																			
9 F 氟 : [He] 2s² 2p⁵																					
1s²	2s²	2p⁵																			
2		7																			
10 Ne 氖 : [He] 2s² 2p⁶																					
1s²	2s²	2p⁶																			
2		8																			
11 Na 鈉 : [Ne] 3s¹																					
1s²	2s²	2p⁶	3s¹																		
2		8		1																	

各位比較要注意的是：

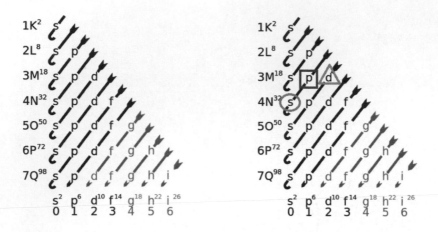

$1s_2^2 2s_4^2 2p_{10}^6 3s_{12}^2 3p_{18}^6 4s_{20}^2 3d_{30}^{10} 4p_{36}^6 5s_{38}^2$ $\quad$ $1s_2^2 2s_4^2 2p_{10}^6 3s_{12}^2 3p_{18}^6 4s_{20}^2 3d_{30}^{10} 4p_{36}^6 5s_{38}^2$

當 $3p$（□）填完之後，接下來要填的是 $4s$（○）：

18 Ar 氬 : [Ne] 3s² 3p⁶																		
1s²	2s²	2p⁶	3s²	3p⁶														
2	8			8														
19 K 鉀 : [Ar] 4s¹																		
1s²	2s²	2p⁶	3s²	3p⁶	4s¹													
2	8			8	1													
20 Ca 鈣 : [Ar] 4s²																		
1s²	2s²	2p⁶	3s²	3p⁶	4s²													
2	8			8	2													

而 $4s$（○）填完之後，接下來填的才是 $3d$（△）：

21 Sc 鈧 : [Ar] 3d¹ 4s²

1s²	2s²	2p⁶	3s²	3p⁶	3d¹	4s²			
2		8			9		2		

22 Ti 鈦 : [Ar] 3d² 4s²

1s²	2s²	2p⁶	3s²	3p⁶	3d²	4s²			
2		8			10		2		

23 V 釩 : [Ar] 3d³ 4s²

1s²	2s²	2p⁶	3s²	3p⁶	3d³	4s²			
2		8			11		2		

24 Cr 鉻 : [Ar] 3d⁵ 4s¹

1s²	2s²	2p⁶	3s²	3p⁶	3d⁵	4s¹			
2		8			13		1		

25 Mn 錳 : [Ar] 3d⁵ 4s²

1s²	2s²	2p⁶	3s²	3p⁶	3d⁵	4s²			
2		8			13		2		

26 Fe 鐵 : [Ar] 3d⁶ 4s²

1s²	2s²	2p⁶	3s²	3p⁶	3d⁶	4s²			
2		8			14		2		

27 Co 鈷 : [Ar] 3d⁷ 4s²

1s²	2s²	2p⁶	3s²	3p⁶	3d⁷	4s²			
2		8			15		2		

28 Ni 鎳 : [Ar] 3d⁸ 4s²

1s²	2s²	2p⁶	3s²	3p⁶	3d⁸	4s²			
2		8			16		2		

29 Cu 銅 : [Ar] 3d¹⁰ 4s¹

1s²	2s²	2p⁶	3s²	3p⁶	3d¹⁰	4s¹			
2		8			18		1		

30 Zn 鋅 : [Ar] 3d¹⁰ 4s²

1s²	2s²	2p⁶	3s²	3p⁶	3d¹⁰	4s²			
2		8			18		2		

而 $3d$（Δ）填完之後，接下來填的才是 $4p$：

31 Ga 鎵 : [Ar] 3d¹⁰ 4s² 4p¹

1s²	2s²	2p⁶	3s²	3p⁶	3d¹⁰	4s²	4p¹		
2		8			18		3		

32 Ge 鍺 : [Ar] 3d¹⁰ 4s² 4p²

1s²	2s²	2p⁶	3s²	3p⁶	3d¹⁰	4s²	4p²		
2		8			18		4		

33 As 砷 : [Ar] 3d¹⁰ 4s² 4p³

1s²	2s²	2p⁶	3s²	3p⁶	3d¹⁰	4s²	4p³		
2		8			18		5		

34 Se 硒 : [Ar] 3d¹⁰ 4s² 4p⁴

1s²	2s²	2p⁶	3s²	3p⁶	3d¹⁰	4s²	4p⁴		
2		8			18		6		

35 Br 溴 : [Ar] 3d¹⁰ 4s² 4p⁵

1s²	2s²	2p⁶	3s²	3p⁶	3d¹⁰	4s²	4p⁵		
2		8			18		7		

36 Kr 氪 : [Ar] 3d¹⁰ 4s² 4p⁶

1s²	2s²	2p⁶	3s²	3p⁶	3d¹⁰	4s²	4p⁶		
2		8			18		8		

而 $4p$ 填完之後，接下來填的才是 $5s$：

37 Rb 銣：[Kr] $5s^1$										
$1s^2$	$2s^2$	$2p^6$	$3s^2$	$3p^6$	$3d^{10}$	$4s^2$	$4p^6$		$5s^1$	
2	8		18			8			1	

38 Sr 鍶：[Kr] $5s^2$										
$1s^2$	$2s^2$	$2p^6$	$3s^2$	$3p^6$	$3d^{10}$	$4s^2$	$4p^6$		$5s^2$	
2	8		18			8			2	

而 $5s$ 填完之後，接下來填的才是 $4d$，至於後續的內容我就不列出了，原則上只要照著箭頭來填電子就不會出錯，除了：

$$Cr：[Ar]\,3d^5 4s^1$$

$$Cu：[Ar]\,3d^{10} 4s^1$$

例外，最後，如果各位想找出某元素的電子組態，可以到中文維基百科上輸入關鍵字「基態原子電子組態列表」之後就可以找到了：

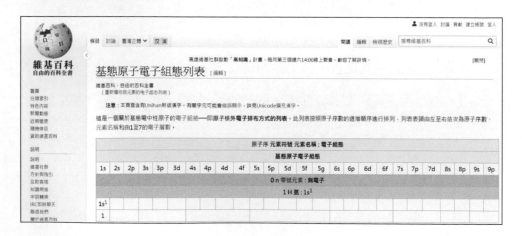

✍️ 本文參考與引用出處：

- https://zh.wikipedia.org/wiki/%E7%94%B5%E5%AD%90%E6%8E%92%E5%B8%83

- https://zh.wikipedia.org/wiki/%E5%9F%BA%E6%80%81%E5%8E%9F%E5%AD%90%E7%94%B5%E5%AD%90%E7%BB%84%E6%80%81%E5%88%97%E8%A1%A8

5.12 細論軌域

在前面，我們解釋了電子雲的基本概念，並且說明了電子雲的物理意義，並且還用了新名詞「軌域」（Orbital）二字來取代原先「軌道」（Orbit）的這個概念，原則上，軌域有兩種，分別是原子軌域與分子軌域，在此，我們只探討原子軌域。

簡單來講，所謂的原子軌域指的就是單一原子的波函數，並且必須使用 3~4 個量子數來描述，這些量子數分別是：

名稱	符號	軌道意義	取值範圍	取值例子
主量子數	n	殼層	$1 \leq n$	$n = 1, 2, 3...$
角量子數（角動量）	ℓ	次殼層	$0 \leq \ell \leq n-1$	若$n = 3$： $\ell = 0, 1, 2\,(s, p, d)$
磁量子數（角動量之射影）	m_ℓ	能移	$-\ell \leq m_\ell \leq \ell$	若$\ell = 2$： $m_\ell = -2, -1, 0, 1, 2$
自旋量子數	m_s	自旋	$-\frac{1}{2}, \frac{1}{2}$	只能是$-\frac{1}{2}, \frac{1}{2}$

(此表引用自維基百科)

　　在量子物理學與理論化學當中，軌域至少有四種，分別是 s 軌域、p 軌域、d 軌域以及 f 軌域，且每種軌域所呈現出來的形狀也不一樣，讓我們來看看下圖：

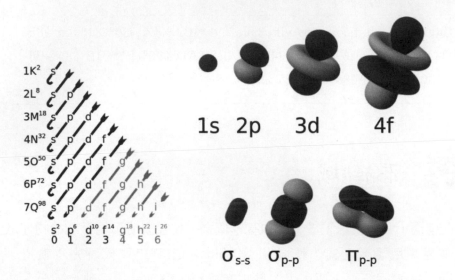

　　以及在此請各位注意一點，每種軌域都有一組不同的量子數，且最多只能容納兩個電子，這是包立不相容原理，我們之後再來談。

　　了解了上面的內容之後，接下來，我們要來看看這些軌域的形狀：

	s (ℓ=0)	p (ℓ=1)		d (ℓ=2)			f (ℓ=3)			
	m=0	m=0	m=±1	m=0	m=±1	m=±2	m=0	m=±1	m=±2	m=±3
	s	p_z	p_x p_y	d_{z^2}	d_{xz} d_{yz}	d_{xy} $d_{x^2-y^2}$	f_{z^3}	f_{xz^2} f_{yz^2}	f_{xyz} $f_{z(x^2-y^2)}$	$f_{x(x^2-3y^2)}$ $f_{y(3x^2-y^2)}$
n=1										
n=2										
n=3										
n=4										
n=5						…	…	…	…	…
n=6				…‡	…	…‡ … …‡	…*	…*	…* …*	…*
n=7		…†	…† …†	…*	…*					

(此圖引用自維基百科)

　　上面的內容可能不是很清楚，因此，讓我們一個軌域一個軌域地來觀察，首先是 s 軌域：

(圖片與圖片註解均引用自維基百科)

　　s 軌域是個球形，上圖中從左到右則是 1s、2s 與 3s 軌域的立體橫切模型。

p 軌域：

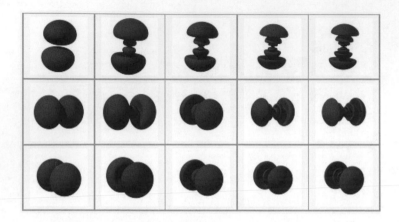

　　p 軌域是個雙啞鈴形，上圖中從左到右則是 2p、3p、4p、5p 與 6p 軌域等的立體模型。

d 軌域：

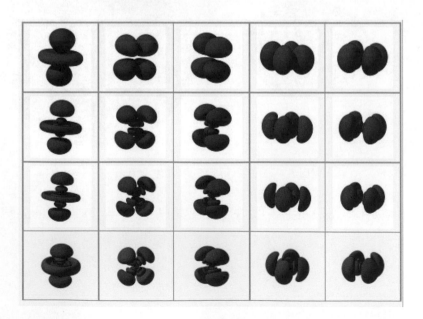

上圖中由上而下為 3d、4d、5d 與 6d 軌域的立體模型。

f 軌域：

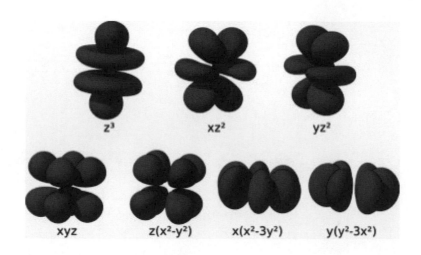

上圖為 4f 軌域的立體模型。

上面的內容可能過於抽象，讓我們來看一個實際的例子，各位還記得氫原子吧？不知道各位發現到了沒有，氫原子的電子雲是個球形：

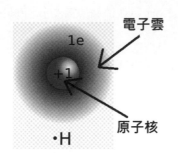

最主要的原因是因為，氫原子的軌域是個 1s 軌域的球形。

最後，關於電子的排列方式，各位可以參考下面兩個表格，首先是電子層（下表均引用自維基百科）：

由內至外電子層次序	電子層符號	主量子數n	亞電子層數目	可容納電子數目$2n^2$
1	K	1	1	2
2	L	2	2	8
3	M	3	3	18
4	N	4	4	32
5	O	5	5	50

電子亞層：

由內至外亞電子層次序	亞電子層名稱	角量子數l	形狀	軌域數目	電子數目	字母意思
1	s	0	球形	1	2	s指Sharp，銳系光譜
2	p	1	啞鈴形或吊鐘形	3	6	p指Principal，主系光譜
3	d	2	雙啞鈴形或吊鐘形	5	10	d指Diffused，漫系光譜
4	f	3	四啞鈴形或吊鐘形	7	14	f指Fundamental，基系光譜
5	g	4	八啞鈴形或吊鐘形	9	18	g名稱開始依字母排列
6	h	5	未發現	11	22	h名稱開始依字母排列

本文參考與引用出處：

- https://zh.wikipedia.org/wiki/%E9%87%8F%E5%AD%90%E6%95%B0

- https://en.wikipedia.org/wiki/Atomic_orbital

- https://zh.wikipedia.org/wiki/S%E8%BB%8C%E5%9F%9F

- https://zh.wikipedia.org/wiki/P%E8%BB%8C%E5%9F%9F

- https://zh.wikipedia.org/wiki/D%E8%BB%8C%E5%9F%9F

- https://zh.wikipedia.org/wiki/F%E8%BB%8C%E5%9F%9F

量子物理學的
進階基礎

6.1 薛丁格方程式概說

　　量子力學有諸多應用，除了目前最熱門的半導體之外，在理學方面應用得最成功的領域就是量子化學，而要學習量子化學，依舊得先從薛丁格方程式來開始談起，還是一樣，讓我們不要把事情給弄得太難，我們先從簡單的地方來開始談起就好，首先，回到在一維方向運動時，質量為 m 且能量為 E 的粒子，其薛丁格方程式如下所示：

$$-\frac{\hbar^2}{2m}\frac{d^2}{dx^2}\psi + V\psi = E\psi$$

其中，V 是位能函數。

　　關於薛丁格方程式的物理意義，各位可以類比成牛頓第二運動定律。

　　解上面的方程式需要微分方程式的數學技巧，為了簡化起見，在此我們假設位能函數 $V = 0$ 且 ψ 為：

$$\psi = \sin kx \,，其中\, k = \sqrt{\frac{2mE}{\hbar^2}}$$

　　讓我們來驗證一下我們的假設，把 $\psi = \sin kx$ 給代入薛丁格方程式當中，於是我們可以得到：

$$-\frac{\hbar^2}{2m}\frac{d^2}{dx^2}\psi = -\frac{\hbar^2}{2m}\frac{d^2}{dx^2}(\sin kx) = -\frac{\hbar^2}{2m}\frac{d}{dx}\frac{d}{dx}(\sin kx) = -\frac{\hbar^2}{2m}\frac{d}{dx}$$
$$(k\cos kx)$$

$$= -\frac{\hbar^2}{2m}\frac{d}{dx}(\cos kx)k = -\frac{\hbar^2}{2m}(-k\sin kx)k = \frac{\hbar^2}{2m}k^2(\sin kx) = \frac{\hbar^2}{2m}$$

$$\left(\sqrt{\frac{2mE}{\hbar^2}}\right)^2(\sin kx)$$

$$= \frac{\hbar^2}{2m}\frac{2mE}{\hbar^2}(\sin kx) = E(\sin kx) = E\psi$$

所以由此得證：

$$\psi = \sin kx，其中 k = \sqrt{\frac{2mE}{\hbar^2}}$$

這個假設是正確的，而我們的量子物理學就是要從這裡為出發點來開始我們的旅程。

6.2 薛丁格方程式解的基本概念

關於薛丁格方程式的解基本上有兩個重要的基本概念，而這兩個重要的基本概念可說是整個量子物理學的基礎核心。

上一節，我們列出了薛丁格方程式，並且也找出了薛丁格方程式的解，其實對薛丁格方程式來講，雖然我們證明出了 ψ：

$$\psi = \sin kx，其中 k = \sqrt{\frac{2mE}{\hbar^2}}$$

就是薛丁格方程式的解，但其實薛丁格方程式有無限多組特殊解，例如說：

$$\psi = c \sin dx，其中 c 與 d 皆為任意常數$$

然而，只有在某些條件之下，這些解才有意義，而像這種情況，我們就稱為邊界條件（Boundary Condition），通常，滿足邊界條件的一個解會對應到一個能量狀態，而這就是系統能量量子化的基本概念，在量子化學當中，我們可以把原子給當成我們所要研究的系統，並且根據在不同條件之下得出我們所要的答案。

接下來，我們要來討論的是關於解也就是波函數 ψ 的解釋，關於波函數 ψ 的解釋，目前以德國理論物理學家與數學家馬克斯・玻恩（Max Born，1882 年 12 月 11 日－1970 年 1 月 5 日）所提出的「波函數的統計詮釋」為主，而這解釋也使得馬克斯・玻恩獲得諾貝爾物理學獎，讓我們來看看「波函數的統計詮釋」是個什麼樣的概念：

在某一無限小的體積範圍 δV 之內，發現到粒子的機率與 ψ^2 和 δV 兩者之間的乘積成正比

也就是說：

- 當 ψ^2 越大，此時粒子被發現到的機率就會高。
- 當 ψ^2 越小，此時粒子被發現到的機率就會低。

「波函數的統計詮釋」在量子物理學剛被創立的早期曾經引起一陣非常大的爭議，對此，我們可以看看物理學家愛因斯坦與物理學家尼爾斯・波耳兩人如何對此來發生爭論（*以下對話引用自維基百科*）：

愛因斯坦：我仍舊相信我們能夠給出一個實在模型來直接描述事件本身，而不是它們發生的機率。

尼爾斯·波耳：沒有量子世界，只有抽象量子力學描述。我們不應該以為物理學的工作是發現大自然的本質。物理只涉及我們怎樣描述大自然。

在量子物理學被建立之時，這兩者的說法都各有千秋，可是隨著時間的過去，「波函數的統計詮釋」逐漸地得到印證，並且還被應用在半導體上，所以縱使「波函數的統計詮釋」之說如何地讓人感到不可思議，但畢竟事實勝於雄辯，以現今 2023 年所發現到的科學證據來看，「波函數的統計詮釋」確實是有一定的道理，換句話說，大自然的運作模式或許並非遵循古典物理學的機制（此為本人猜測，不代表眾人意見，謹供讀者們參考用）。

不過在此我還是要告訴各位，截至 2023 年 3 月 14 日當天，「波函數的統計詮釋」依舊還是量子物理學的核心假設之一，但未來會不會有更新的發現，進而推翻「波函數的統計詮釋」這個核心假設？關於這一點，我們就語帶保留，只討論從「波函數的統計詮釋」被提出的那天，至 2023 年 3 月 14 日之間的量子物理學，至於以後會不會有什麼新理論來推翻「波函數的統計詮釋」，這我們就不討論了。

✏️ 本文參考與圖片引用出處：

* https://zh.wikipedia.org/wiki/阿爾伯特·愛因斯坦#玻爾－愛因斯坦論戰

6.3 盒中粒子一

在許多量子力學與量子化學的教科書當中，盒中粒子也是個非常經典的範例，因為從盒中粒子的討論當中可以得出一些很有趣的結論，讓我們來看看這是怎麼一回事。

現在，讓我們回到前面的薛丁格方程式，並且考慮一個由我們人類所假想出來的盒子，假設盒子位能的分布狀況如下所示：

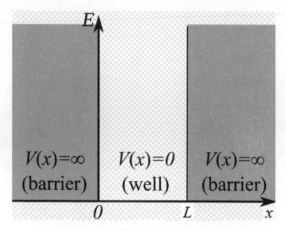

(此圖引用自維基百科，並由作者修改)

在上圖當中，盒子兩側的位能都是無限大，也就是圖中 $V(x) = \infty$ 的地方，而在盒子 $x = 0$ 到盒子 $x = L$ 之間的位能則是為零，也就是圖中 $V(x) = 0$ 的地方，現在，把一顆質量為 m 的粒子放在盒子 $x = 0$ 到盒子 $x = L$ 之間，並且粒子可以自由地從 $x = 0$ 移動到 $x = L$，而為了簡化問題，我們只考慮粒子目前只在一維空間也就是 x 軸上的運動情況，至於多維度的情況在此我們並不考慮。

現在，讓我們回到波函數 ψ，我們已經證明了波函數 ψ 是：

$$\psi = \sin kx，其中 k = \sqrt{\frac{2mE}{\hbar^2}}$$

現在對於整個系統來說，系統的邊界條件為粒子必須位於盒子之內，也就是說，盒子壁上與盒子之外的波函數皆為零，因此，波函數可被允許的波長就是：

$$\lambda = \frac{2L}{n}，其中 n = 1,2,3...$$

對於正弦函數 $\sin \frac{2\pi x}{\lambda}$ 而言，若波函數本身也是個正弦函數的話，此時：

$$\psi_n = N \sin \frac{n\pi x}{L}，其中 n = 1,2,3...且 N 為歸一化常數$$

要是在盒子內發現到粒子的總機率為 1 的話，則歸一化常數 N 就是：

$$N = \left(\frac{2}{L}\right)^{\frac{1}{2}}$$

本文參考與圖片引用出處：

* https://zh.wikipedia.org/wiki/無限深方形阱

6.4 盒中粒子二

在前面,我們曾經説過:

在某一無限小的體積範圍 δV 之內,發現到粒子的機率與 ψ^2 和 δV 兩者之間的乘積成正比

也就是説:

- 當 ψ^2 越大,此時粒子被發現到的機率就會高。
- 當 ψ^2 越小,此時粒子被發現到的機率就會低。

現在,我們要用數學來表達這個概念,於是,我們可以做這樣子的假設:

在某一無限小的區域範圍 dx 之內,發現到粒子的機率為 $\psi^2\, dx$

之所以會做這樣子的假設,主要是因為現在我們只討論一維空間之時的情況,此時,在盒子 $x=0$ 到盒子 $x=L$ 之間發現到粒子的總機率就是:

$$\int_0^L \psi^2 dx = 1$$

現在,我們要來處理上面那個式子,假設波函數符合:

$$\psi_n = N\sin\frac{n\pi x}{L}\,,\text{其中 } n=1,2,3...\text{且 } N \text{ 為歸一化常數}$$

的話,這時候我們可以得到:

$$\int\limits_{0}^{L} \left(N\sin\frac{n\pi x}{L} \right)^{2} dx = 1$$

而在上面的式子當中，由於：

$$\int\limits_{0}^{L} \left(N\sin\frac{n\pi x}{L} \right)^{2} dx = \int\limits_{0}^{L} N^{2}\sin^{2}\frac{n\pi x}{L} dx = N^{2}\int\limits_{0}^{L}\sin^{2}\frac{n\pi x}{L} dx$$

所以現在的關鍵就是要求出：

$$\int\limits_{0}^{L}\sin^{2}\frac{n\pi x}{L} dx$$

的積分，如果令：

$$c = \frac{n\pi}{L}$$

的話，則：

$$\int\limits_{0}^{L}\sin^{2}\frac{n\pi x}{L} dx = \int\limits_{0}^{L}\sin^{2} cx\, dx$$

這時候我們要求的問題就是如何找出：

$$\int \sin^{2} cx\, dx$$

的積分，藉由積分表當中我們知道：

$$\int \sin^2 cx\, dx = \frac{1}{2}x - \frac{1}{4c}\sin 2cx + C，其中 C 為常數$$

於是：

$$N^2 \frac{1}{2}L = 1$$

所以：

$$N = \sqrt{\frac{2}{L}}$$

最後叮嚀各位一點，在量子物理學與量子化學的計算當中，我們會常常使用到微積分，尤其是複雜情況的積分，所以這時候善用積分表來查詢積分結果就會讓你非常省事。

6.5 盒中粒子三

了解了前面的內容之後，接下來我們要來討論的對象是能量，首先我們來確立能量的對象。在物理學當中，總能量 E 就是動能 KE 與位能 PE 的總和，也就是：

$$總能量\, E = 動能\, KE + 位能\, PE$$

由於我們現在所討論的情況是在一維空間 x 軸上位能 $V(x)=0$ 的地方，因此這時候的粒子，其總能量 E 就是：

$$\text{總能量 } E = \text{動能 } KE = \frac{1}{2}mv^2 = \frac{mmv^2}{2m} = \frac{m^2v^2}{2m} = \frac{(mv)^2}{2m} = \frac{p^2}{2m}$$

於是我們得出：

$$\text{總能量 } E = \text{動能 } KE = \frac{p^2}{2m}$$

接下來，我們要把前面所學到的量子理論跟上面的內容結合在一起，並得出粒子的能量狀態，根據物質波（Matter Waves）公式：

$$\lambda = \frac{h}{p} = \frac{h}{mv}$$

所以對一個波長為 λ 的正弦波來說，其動量就是：

$$p = \frac{h}{\lambda}$$

又由於：

$$\lambda = \frac{2L}{n} \text{，其中 } n = 1,2,3...$$

所以：

$$p = \frac{h}{\lambda} = \frac{h}{\frac{2L}{n}} = \frac{nh}{2L} \text{，其中 } n = 1,2,3...$$

讓我們把這結果給帶回：

$$總能量\ E\ =\ 動能\ KE\ =\ \frac{p^2}{2m}$$

並且修改總能量 E 為 E_n，於是我們可以得到粒子的總能量 E_n 為：

$$總能量\ E_n=\ 動能\ KE\ =\ \frac{p^2}{2m}\ =\ \frac{\left(\dfrac{nh}{2L}\right)^2}{2m}\ =\ \frac{\dfrac{n^2h^2}{4L^2}}{2m}\ =\ \frac{n^2h^2}{8mL^2}\ ,$$

$$其中\ n=1,2,3...$$

以上就是一顆質量為 m，動量為 p 的粒子的能量，以及請各位注意一點，在上面的式子當中，n 為量子數（量子數為整數值），主要是用來表示系統狀態。

6.6　盒中粒子四

上一節，我們已經得出了粒子的總能量 E_n 為：

$$總能量\ E_n\ =\ \frac{n^2h^2}{8mL^2}\ ,\ 其中\ n=1,2,3...$$

並且我們還說，n 為量子數（量子數為整數值），主要是用來表示系統狀態。所以，我們現在就要針對不同的量子數 n 來找出不同的能量，讓我們來看下圖：

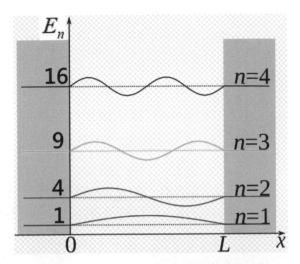

(此圖引用自維基百科，並由作者修改)

上圖是一張能量狀態圖，能量狀態圖的內容主要說明粒子可以存在的能量狀態，其中，能階表示 $n=1\sim4$ 的波函數。

各位可以發現到，當 $n = 1$ 之時，並沒有節點的存在，至於 $n = 2\sim4$ 之時都有節點的存在，且從上圖當中我們也可以知道，當波函數的狀態為 n 之時，其節點的數量有 $n-1$ 個。

以上就是能量狀態圖的基本介紹，至於能量的詳細部分，由於 E_n：

$$總能量\ E_n = \frac{n^2 h^2}{8mL^2}\ ，其中\ n = 1,2,3...$$

所以從上面的式子當中我們也可以知道， E_n 與 n 成正比，也就是說，當 n 越大之時，E_n 也跟著越大，但此時要注意一點，量子數 n 雖然為整數值，但卻不能為零，所以最低能階就是 $n = 1$，因此，這時候的總能量 E_1 為：

$$總能量\ E_1 = \frac{1^2 h^2}{8mL^2} = \frac{h^2}{8mL^2}$$

於是，我們稱能量 E_1 為零點能量（同時也是最低能量），正因為有零點能量的緣故，所以盒中粒子便會在盒子的兩壁之間不停地振盪。

最後，我們要來講解相鄰能階之間的能量差 ΔE：

$$\Delta E = E_{n+1} - E_n = \frac{(n+1)^2 h^2}{8mL^2} - \frac{n^2 h^2}{8mL^2} = \frac{(n^2+2n+1)h^2}{8mL^2} - \frac{n^2 h^2}{8mL^2}$$

$$= \frac{n^2 h^2}{8mL^2} + \frac{2nh^2}{8mL^2} + \frac{h^2}{8mL^2} - \frac{n^2 h^2}{8mL^2} = \frac{2nh^2}{8mL^2} + \frac{h^2}{8mL^2} = \frac{h^2}{8mL^2}(2n+1)$$

也就是：

$$\Delta E = \frac{h^2}{8mL^2}(2n+1)$$

從上面的式子當中我們可以知道，當粒子的質量 m 或者是盒子的長度 L 增加之時，能量差 ΔE 就會跟著下降，換句話說，當 L（或 m）$\rightarrow \infty$ 之時，能量差 $\Delta E \rightarrow 0$，此時的粒子就會非常逼近於古典也就是我們日常生活中的物體那樣呈現出連續變化。

📝 本文參考與圖片引用出處：

* https://es.wikipedia.org/wiki/Part%C3%ADcula_en_una_caja

6.7　盒中粒子五

在前面，我們曾經講解過盒中粒子的基本概念，而現在，我們要來補充這個基本概念。

在下圖當中，紫線是 ψ，而紅線則是 $|\psi|^2$，其中，由左到右分別是量子數 $n = 1$（基態，高於基態者為激發態）、量子數 $n = 2$ 與量子數 $n = 3$（下圖引用自維基百科）：

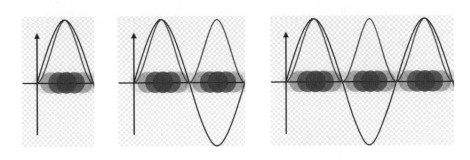

所以圖會出現 sin 週期的一半，由此可推知，如果 n 越來越大的話，這時候的機率密度就會呈現出均勻結果，也就是回到古典力學，像這種情況，我們就稱為 Bohr 對應原理。

另外就是，$\psi(x) = 0$ 的地方（點）我們就稱為節點，而當 n 增加之時，節點的數量也會跟著增加，這結果對古典力學來說是截然不同的，例如以 $n = 2$ 的情況來說，我們可以在右邊和左邊分別找到粒子，可是卻無法在中間找到粒子，如果要用比喻來解釋這結果，那就是我們可以在右邊（台北）和左邊（高雄）分別找到粒子（球），可是卻無法在中間（台中）找到粒子（球），那這到底是怎麼一回事？為什麼可以在台北與高雄找得到球，可偏偏球就是不會出現在台中？

所以這就是古典力學與量子力學爭議的所在之處，以目前對於量子力學的詮釋來說事情就是這樣，所以各位也不用太計較。

✏️ 本文參考與圖片引用出處：

- https://en.wikipedia.org/wiki/Wave_function

6.8 環上粒子一

在物理學上，角動量 L 為：

$$L = p \times r$$

其中：

- p：動量
- r：粒子在圓形路徑上運動之時的圓形半徑

現在，讓我們一樣只考慮一顆質量為 m，並沿著半徑 r，且正在位能為零的水平面上進行圓周運動的粒子，由於現在位能為零，所以粒子的總能量 E 就是：

$$總能量\, E = \frac{p^2}{2m}$$

於是我們得出：

$$總能量\ E = \frac{p^2}{2m} = \frac{p^2 r^2}{2mr^2} = \frac{L^2}{2mr^2} = \frac{L^2}{2I}$$

其中：

- L：角動量
- I：轉動慣量

以上是古典物理的情況，現在，我們要來考慮量子物理的情況。由於：

$$\lambda = \frac{h}{p} = \frac{h}{mv}$$

所以：

$$p = \frac{h}{\lambda}$$

於是我們可以得出：

$$L = p \times r = \frac{h}{\lambda} \times r$$

由於現在粒子正在做圓周運動，也就是說，粒子會一圈一圈地繞著圓來運動，如果此時波長 λ 不固定的話，這時候粒子繞圓運動時第一圈的波函數會與第二圈的波函數產生破壞性干涉，因此，波長一定是固定的，並且我們可以得出波函數的波長與周長兩者之間的關係：

$$\lambda = \frac{2\pi r}{n} \text{,其中} n = 0,1,2,3...$$

注意，當 $n = 0$ 之時，波長 $\rightarrow \infty$，也就是均勻振幅。

接著，修改總能量 E 為 E_n：

$$\text{總能量 } E_n = \frac{p^2}{2m} = \frac{L^2}{2I} = \frac{\left(\frac{h}{\lambda} \times r\right)^2}{2I} = \frac{\left(\frac{\frac{h}{2\pi r} \times r}{n}\right)^2}{2I} = \frac{\left(\frac{nh}{2\pi r} \times r\right)^2}{2I}$$

$$= \frac{\left(\frac{nh}{2\pi}\right)^2}{2I} = \frac{(n\hbar)^2}{2I}$$

所以：

$$\text{總能量 } E_n = \frac{(n\hbar)^2}{2I} \text{,其中} n = 0,\pm1,\pm2,\pm3...$$

或者是：

$$\text{總能量 } E_{m_l} = \frac{(m_l\hbar)^2}{2I} \text{,其中} m_l = 0,\pm1,\pm2,\pm3...$$

在上面的式子當中：

± ：表示粒子繞圓周運動時的方向，其中「＋」表示逆時針方向旋轉，而「－」表示正時針方向旋轉。

m_l：習慣上把 n 給替換成 m_l。

接下來，讓我們來看看轉動能階：

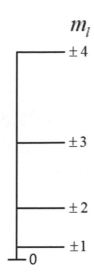

在上圖當中，除了 $m_l = 0$ 以外，每一個能階都有 ± 兩種狀態。

由於 ± 僅表示方向，因此像是：

$$m_l = +1 與 m_l = -1$$

兩者具有相同大小的能量，也就是説，粒子正時針旋轉與粒子逆時針旋轉之時，兩者的能量都一樣的，只是方向不同而已，像這種狀態不同，但能量卻相同的情況，我們就稱為簡併（Degeneracy）。

6.9 環上粒子二

上一節，我們已經講解了環上粒子的基本概念，而本節，我們則是要對環上粒子來做個總結。

我們說過，在轉動能階當中，除了 $m_l = 0$ 以外，每一個能階都有 ± 兩種狀態，所以關於 m_l 的部分，我們可以得出下面兩項結論：

1. $m_l = 0$：非簡併（nondegenerate）狀態，也就是粒子的最低轉動狀態（粒子處於靜止狀態）。

2. $|m_l| > 0$：對於每一個 $|m_l|$ 來說，可以得出兩種狀態都擁有相同能量（稱為二重簡併）。

另外還有一件非常重要的事情那就是角動量的量子化，讓我們來看式子：

$$L = p \times r = \frac{h}{\lambda} \times r = \frac{hr}{\lambda} = \frac{hr}{\underset{n}{2\pi r}} = \frac{hr}{\underset{m_l}{2\pi r}} = \frac{m_l hr}{2\pi r} = \frac{m_l h}{2\pi} = m_l \hbar$$

因此：

$$L = m_l \hbar，其中 m_l = 0, \pm 1, \pm 2, \pm 3...$$

由此我們可以看出，角動量本身也具有量子化的特性在。

6.10 光譜概說

在講解光譜（Spectrum）的基本概念之前，讓我們先來了解一下什麼是複色光。

所謂的複色光，意思就是指有著各種波長或頻率的光我們就稱為複色光，而複色光通過像是平面鏡或凸透鏡等色散系統進行反射之後，就會依照光的波長或頻率的大小有序地排列成某種圖案，而這種圖案，我們就稱為光譜或者是光學頻譜，例如下圖中模擬的自然光光譜圖案：

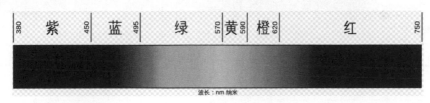

(此圖引用自維基百科)

就是一個例子。

如果各位想看頻率範圍更廣的光譜，那可以參考下圖：

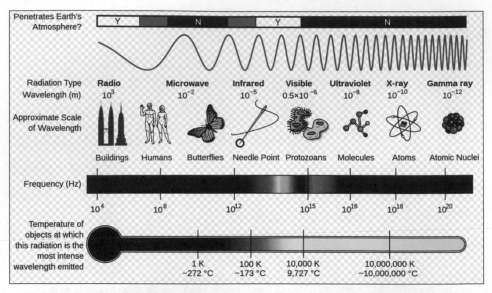

(此圖引用自維基百科，原文為 Diagram illustrating the electromagnetic spectrum)

✎ 本文參考與圖片引用出處：

* https://en.wikipedia.org/wiki/Spectrum

* https://zh.wikipedia.org/wiki/光學頻譜

6.11 基態與激發態概說

在前面，我們已經有稍微提到過能階的基本概念，所以在此我們要延伸能階這個基本概念，並且引出基態與激發態的物理意義：

1. 基態（Ground state）：能量最少的狀態。
2. 激發態（Excited state）：較高能量的狀態。

這樣講太抽象了，讓我們來看下圖：

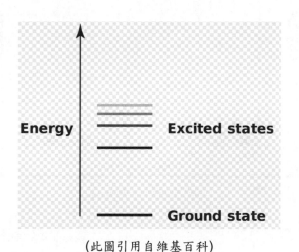

(此圖引用自維基百科)

上圖是一張電子能階圖，意思是當吸收能量之後，電子便可以從基態（Ground state）一躍（跳到或躍遷）到激發態（Excited state）。

📝 本文參考與圖片引用出處：

- https://zh.wikipedia.org/wiki/基態

6.12 發射光譜概說

當元素中的電子被激發之後，電子便會從原來的能階，躍遷到能量較高的高能階上，接著，當電子從高能階跳到低能階之時，便會釋放出特定頻率的波長或發射譜線（光譜線或發射光譜），例如下圖是一張金屬鹵化物燈的發射光譜：

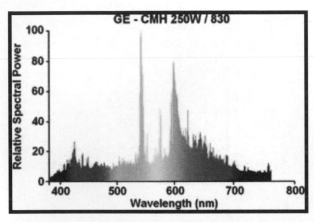

(此圖引用自維基百科)

以上是金屬鹵化物燈的發射光譜，接下來讓我們來看看其他元素的情況。

氫元素的發射譜線：

(此圖引用自維基百科)

鐵元素的發射譜線：

(此圖引用自維基百科)

> 📝 本文參考與圖片引用出處：
>
> • https://zh.wikipedia.org/wiki/發射光譜

6.13 對於原子的分類

　　隨著電子數量的增加，導致原子的結構也越來越複雜，所以為了方便討論起見，我們通常都會把原子給分成兩類：

1. 類氫原子：單電子原子或離子。
2. 多電子原子：原子或離子具有兩個或者是兩個以上的電子。

　　另外，為了讓大家能夠對原子有個概念，一般來講都會先從最簡單的原子，例如氫原子來開始分析起，因此，從本節開始，我們就要以氫原子為例來介紹原子的基本結構。

6.14 氫原子光譜概說

前面，我們已經講解了有關於發射光譜、基態與激發態等的基本概念，現在，我們要以這些基本概念為出發點，來解釋氫原子光譜：

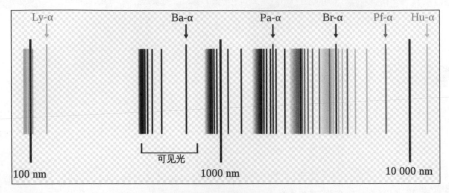

(此圖引用自維基百科)

氫原子光譜的產生原理與前面所介紹的基本原理一樣，主要是因為氫原子之內的電子在不同的能階躍遷之時，會吸收或發射不同波長與能量的光，進而產生出光譜，由於光譜呈現線條，因此這結果又被稱為線光譜。

在上圖當中，根據主量子數的不同，而有六種不同的線系，讓我們來歸納如下：

	萊曼系列	巴耳末系列	帕申系列	布拉格系列	蒲芬德系	韓福瑞系
主量子數	$n \geq 2$	$n \geq 3$	$n \geq 4$	$n \geq 5$	$n \geq 6$	$n \geq 7$
電子躍遷至能階處	$n = 1$	$n = 2$	$n = 3$	$n = 4$	$n = 5$	$n = 6$
光譜線位置	Ly	Ba	Pa	Br	Pf	Hu
線能量位置	紫外光波段	四條譜線處於可見光波段	紅外光波段	紅外光波段	紅外光波段	紅外光波段

有了上面的介紹之後，接下來我們就可以來看看電子在氫原子內的躍遷情況以及所產生的波長：

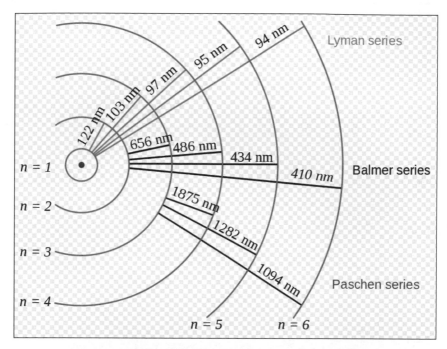

▲ 注意，此圖為示意圖，不按比例繪出 (此圖引用自維基百科)

而下圖則是氫原子的電子能階圖：

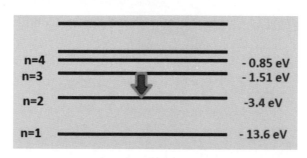

(此圖引用自維基百科)

✍️ 本文參考與圖片引用出處：

- https://zh.wikipedia.org/氫原子光譜#萊曼系列

- https://en.wikipedia.org/wiki/Hydrogen_spectral_series

6.15 波耳頻率條件

從氫原子光譜當中我們可以看到，光譜內呈現出一條一條的直線，像這種情況我們就稱為離散（Discrete、Discreteness）[1]，而且這結果同時也告訴了我們，氫原子的電子能階呈現量子化。

而當電子發生躍遷之時，下面的關係式會成立：

$$\Delta E = h\nu$$

其中：

- ΔE：兩個能階之間的能量差
- ν：吸收或發射光子的頻率

以上又被稱為波耳頻率條件（Bohr's Frequency Condition）。

---

1 另一名詞離散量（Discrete Magnitude）指的是彼此之間分散開來，或者是說在兩者之間不存在任何數值，此概念常見於量子論與資訊工程領域當中。

6.16　能階概說

　　前面，我們已經有提到過能階的基本概念，而本節，我們則是要對能階有個比較詳細的解說，所謂的能階（Energy Level）又被稱為能級，是說明粒子處在穩定狀態之時所對應到的一系列不連續（或分立）且確定的「內在」能量值或狀態（本定義修改自維基百科）。

　　有了上面的介紹之後，接下來就讓我們來看看原子的電子能階圖：

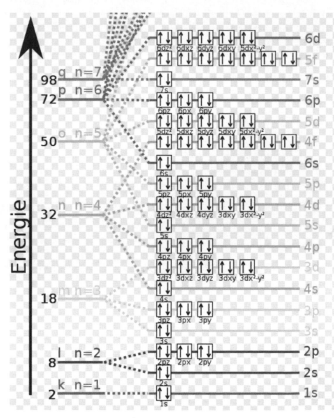

（此圖引用自維基百科）

這張電子能階圖非常重要，因為整個化學的基礎原理就是建立在這張電子能階圖之上，而在後面的章節裡，我們會碰到電子能階圖。

從前面的數學當中我們可以知道，如果要得到具有物理意義的解，這時就必須得加入符合情況的邊界條件，例如說波函數與其所對應到的能量等，也就是說，只要波函數滿足邊界條件，這時候某些能量的狀態就可以存在，例如可被允許的能階就是：

$$E_n = -\frac{Z^2 hc}{n^2}，其中主量子數 n = 1,2,3...$$

在上面的式子當中，主量子數（Principal Quantum Number）n 表示原子軌域的其中一種量子數，只要把 n 給帶入上式之後就可以得出電子能階，所以在此讓我們來分析一下 E_n 與 n 的情況：

1. E_n <0：能量總為負值，意思是束縛電子能量<游離電子。
2. n 很小：能階寬，電子靠近原子核且電子所具有的能量較低。
3. n 很大：能階窄，電子遠離原子核且電子所具有的能量較高。
4. n=1：能階最低，因此被稱為基態，此時 $E_1 = -hc$，負號指出基態電子能階<游離電子，差為 hc。
5. n=2：氫原子的第一激發態，此時 $E_2 = -\frac{1}{4}hc$，第一激發態電子能階>基態電子能階 $\frac{3}{4}hc$。
6. $n=\infty$：原子核與電子完全分離，此時為能量零點。

關於量子數的部份另外還有其他的量子數，像是角量子數、磁量子數和自旋量子數等，這些我們在此先忽略。

在上面的式子當中 hc 為：

$$hc = \frac{\mu e^4}{32\pi^2 \varepsilon_0^2 \hbar^2}$$

以及約化質量（Reduced Mass）μ 為：

$$\mu = \frac{m_e m_N}{m_e + m_N}$$

其中：

m_e：電子質量

m_N：原子核質量

在上面的式子當中，約化質量的公式裡頭有電子質量 m_e，由於電子質量非常地小，所以我們可以忽略電子質量而得出一個帶有近似狀況的約化質量：

$$\mu \approx \frac{m_e m_N}{m_N} = m_e$$

因此在近似的情況之下，約化質量就約等於電子質量。

本文參考與圖片引用出處：

- https://zh.wikipedia.org/wiki/能階

- https://de.wikipedia.org/wiki/Energieniveau

6.17 譜線方程式與游離能

前面，我們曾經提過氫原子光譜，針對氫原子光譜，有科學家試著找出公式，例如巴耳末於 1885 所提出的氫原子譜線波長的經驗公式（此公式又被稱為巴耳末公式）：

$$\lambda = B\frac{m^2}{m^2 - n^2} = B\frac{m^2}{m^2 - 2^2} \text{，其中} n = 3,4,5...$$

在上面的式子當中：

λ：譜線波長

B：巴耳末常數，值為 $3.6456 \times 10^{-7}\,\text{m}$

n：為 2

m：大於 n 的整數

之後，芮得柏於 1889 年提出更具普遍性的氫原子譜線經驗公式：

$$\frac{1}{\lambda} = R\left(\frac{1}{n^2} - \frac{1}{(n')^2}\right) \text{，其中} n = 1,2,3... \text{，且} n' = n+1, n+2, n+3...$$

在上面的式子當中：

λ：譜線波長

R：$\dfrac{4}{B}$，為芮得柏常數，目前為 $1.0973731568508\,(\,65\,) \times 10^{7}\,\text{m}^{-1}$

讓我們回到上一節的內容，當氫原子發生躍遷之時，電子會從一量子數為 n' 的高能階跳到量子數為 n 的低能階，此時的能量差 ΔE 就是：

$$\Delta E = \frac{hc}{\left(n'\right)^2} - \frac{hc}{n^2}$$

最後，由於電子可以在不同的能階當中跳躍，必要時，電子也可以從原子當中完全離開，在這種情況之下所需要的最小能量，我們就稱為游離能。

6.18 軌域概說

在量子化學上，軌域（Orbitals）有兩種，分別是：

- 原子軌域（Atomic Orbital）：以波函數來找出位於特定空間中發現到電子的機率，簡稱為軌域。
- 分子軌域（Molecular Orbital）敘述分子中電子波動性質的函數。

跟軌道（Orbit）比起來，軌域是一個比較抽象的概念，在古典物理學當中，所謂的軌道指的是物體在引力的作用之下，環繞空間中某一點的運動路徑，例如説行星繞恆星的運動路徑（像是橢圓路徑）就是一個例子，各位可以參考下圖中的行星軌道圖：

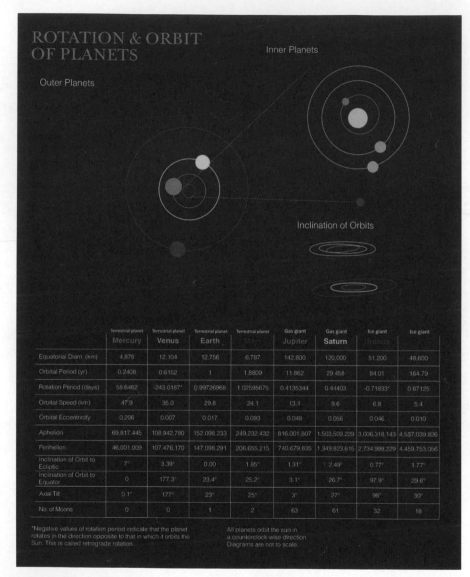

(此圖引用自維基百科)

但軌域的情況就比較抽象且複雜，例如下圖是一張前五條原子軌域的波函數：

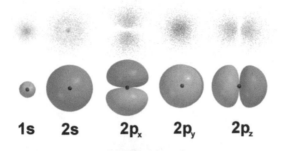

1s　2s　2p_x　2p_y　2p_z

（此圖引用自維基百科）

　　在學習量子物理與量子化學之時，一開始都會先從比較簡單的原子軌域來開始探討起，最後才來討論情況較為複雜的分子軌域，所以，我們先來討論原子軌域就好。

　　傳統上對於原子結構的認知是把原子核給當成太陽，把電子給當成行星，於是電子環繞著原子核來運行，情況就像軌道那樣，但事情發展到後來，發現到電子並不是固體般的粒子，而電子的運行路徑也不像上面所說的軌道那樣，而是以一種大範圍，且具有特殊形狀的「雲」（也就是所謂的電子雲）包圍整個原子核，圖示如下所示：

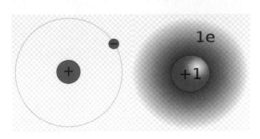

（此圖引用自維基百科，並由作者修改）

- 上圖左：電子以圓形路徑環繞著原子核來運行，此時的概念是軌道（Orbit）。
- 上圖右：電子雲包圍著整個原子核，此時的概念是軌域 (Orbitals)。

至於分子軌域的概念則是建立在原子軌域之上，例如下圖：

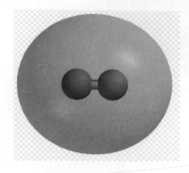

(此圖引用自維基百科，並由作者修改)

- 上圖左：H_2 分子的分子軌域。
- 上圖右：乙炔 C_2H_2（H-C≡C-H）的分子軌域。

　　總之，軌域（Orbitals）跟軌道（Orbit）兩者之間的概念不同，而從本節開始，我們要捨棄軌道（Orbit）的概念而改用軌域（Orbitals），並且藉此來說明原子與分子的基本結構。

✍ 本文參考與引用出處：

- https://zh.wikipedia.org/wiki/%E8%BD%A8%E9%81%93_(%E5%8A%9B%E5%AD%A6)
- https://zh.wikipedia.org/wiki/%E5%8E%9F%E5%AD%90
- https://zh.wikipedia.org/wiki/%E6%B0%AB%E5%8E%9F%E5%AD%90
- https://zh.wikipedia.org/wiki/%E5%85%B1%E4%BB%B7%E9%94%AE

6.19 量子數概說

上一節，我們解釋了軌域（Orbitals）與軌道（Orbit）兩者之間的不同處，正因為軌域的概念與古典物理學中的軌道不同，再加上原子軌域是單一原子的波函數，所以在運用上我們會分別使用到三種量子數（Quantum Number）來輔助解說，分別是：

- n：主量子數，決定電子的能量（n 增加時軌域變大，外層電子處於更高能量值）。
- l：角量子數，決定電子的角動量（角量子數會決定電子雲的形狀）。
- m_l：磁量子數，決定電子的方位（電子運動時的角動量在 Z 軸上的投影）。

剛剛說過，角量子數會決定電子雲的形狀，所以讓我們來看看下表：

角量子數	0	1	2	3
軌域名稱	s	p	d	f

每一種軌域都各自有一組不同的量子數，且最多只能容納兩顆電子，讓我們來看下圖：

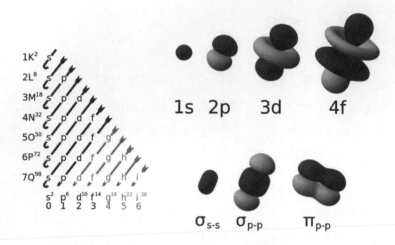

$$1s_2^2 2s_4^2 2p_{10}^6 3s_{12}^2 3p_{18}^6 4s_{20}^2 3d_{30}^{10} 4p_{36}^6 5s_{38}^2 4d_{48}^{10} 5p_{54}^6 6s_{56}^2 4f_{70}^{14} 5d_{80}^{10} 6p_{86}^6 7s_{88}^2 5f_{102}^{14} 6d_{112}^{10} 7p_{118}^6$$

(此圖引用自維基百科)

　　上圖是一張電子的原子軌域與分子軌域圖，其中左圖是按照能階排序的軌域圖表。

　　有了上面的基本概念之後，接下來我們就要來討論量子數的物理意義，所謂的量子數，主要是描述在量子系統當中，有關於動力學上各種守恆數的值，例如上面的能量、角動量與方位等，也就是列出相關的物理量出來，至於說量子數要列出幾個才能夠完整地描述整個量子系統，關於這問題目前沒有答案，但在我們的量子化學當中，我們只列出夠我們用的量子數即可，至於未來是否有更多的量子數出現，關於這一點就不在我們的探討範圍之內。

✎ 本文參考與引用出處：

* https://zh.wikipedia.org/wiki/%E5%8E%9F%E5%AD%90%E8%BD%A8%E9%81%93

6.20 量子數與原子結構概說

上一節，我們講解了量子數（Quantum Number）的基本概念，現在，我們要延伸這個基本概念，並且把原子結構給推出來，首先是角量子數 l 的值為：

$$l = 0,1,2,3.....,n-1$$

而磁量子數 m_l 的值為：

$$m_l = l,l-1,l-2,l-3.....,-l$$

總的來說，若：

1. 知道 n，則有 n 個 l
2. 知道 l，則有 $2l+1$ 個 m_l

所以讓我們用個表來做總整理：

n（層）	l數量	l值（次層）	m_l數量	m_l值（軌域）	軌域數量（n^2）
1（K）	1	l=0(s)	數量=1	值=0(1s)	1
2（L）	2	l=1(p)	數量=3	值=＋1、0、－1(2p)	4
		l=0(s)	數量=1	值=0(2s)	
3（M）	3	l=2(d)	數量=5	值=＋2、＋1、0、－1、－2(3d)	9
		l=1(p)	數量=3	值=＋1、0、－1(3p)	
		l=0(s)	數量=1	值=0(3s)	

6.21 s 軌域概說

在前面，我們已經有稍微提過 s、p、d 與 f 等相關軌域，而現在，我們要來講解的是 s 軌域，對於所有的 s 軌域來說，不管其是 $1s$、$2s$、$3s$...只要是 s 軌域，其形狀一定都是球狀對稱，圖示如下所示：

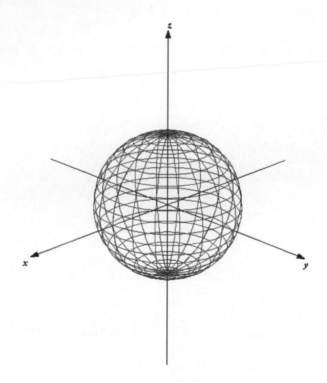

(此圖引用自維基百科)

在討論方面，由於氫原子的結構最為簡單，只有一顆電子位於 $1s$ 軌域（$n=1$、$l=0$、$m_l=0$）上，所以我們就先從氫原子的 $1s$ 軌域來開始探討起，首先，讓我們來看看下面三個式子：

$$\psi_{1s}(r) = \frac{1}{\sqrt{\pi}a_0^{3/2}}e^{-r/a_0}. \quad |\psi_{1s}(r)|^2 = \frac{1}{\pi a_0^3}e^{-2r/a_0}. \quad P(r)\,dr = 4\pi r^2|\psi_{1s}(r)|^2\,dr.$$

(此式子引用自維基百科)

在上面的式子當中，r 是半徑，而 a_0 則是玻爾半徑。

關於上面左中右那三個式子的推導證明已經遠遠地超出了本書的範圍，各位可以在專業的量子化學教科書當中找出上面那三個式子的推導證明，在此我們就跳過，只列出結果來做初步討論即可，如果各位對上面那三個式子的推導證明有興趣的話可以找找專業的量子化學教科書來參考。

上面那三個式子分別表示三種不同的物理意義，讓我們來分析一下：

- 左式：氫原子 $1s$ 軌域的波函數。
- 中式：波函數的平方值。
- 右式：在忽略角度的情況之下，距離原子核某一處發現到電子的機率。

讓我們把上面的式子給推廣，情況如下圖所示：

Orbital				Wellenfunktion des Orbitals	Form des Orbitals $\psi(\vec{r})$ (nicht maßstäblich)
	n	l	m_l	$\psi_{n,l,m_l}(r,\theta,\phi)$	
1s	1	0	0	$\frac{1}{\sqrt{\pi}}\left(\frac{Z}{a_0}\right)^{\frac{3}{2}}e^{-\frac{Zr}{a_0}}$	
2s	2	0	0	$\frac{1}{4\sqrt{2\pi}}\left(\frac{Z}{a_0}\right)^{\frac{3}{2}}\left(2-\frac{Zr}{a_0}\right)e^{-\frac{Zr}{2a_0}}$	
3s	3	0	0	$\frac{1}{81\sqrt{3\pi}}\left(\frac{Z}{a_0}\right)^{\frac{3}{2}}\left(27-18\frac{Zr}{a_0}+2\frac{Z^2r^2}{a_0^2}\right)e^{-\frac{Zr}{3a_0}}$	

(此圖引用自維基百科)

而下圖中則是 1s 軌域、2s 軌域與 3s 軌域的電子出現機率圖：

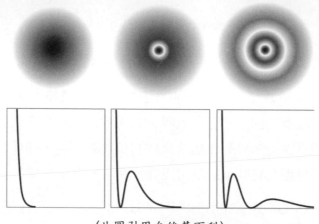

(此圖引用自維基百科)

在上圖當中我們可以看出，對 s 軌域而言，電子的出現機率與原子核之間的距離變化有關，各位可以仔細看看 $2s$ 軌域，在 $2s$ 軌域當中，靠近原子核的地方發現到電子的機率很大，但越離開原子核，此時發現到電子的機率會開始減少，到了某處之時發現到電子的機率會整個降為零（在此稱為波節或波節面），之後隨著距離的增加，發現到電子的機率又會開始增加，接著再繼續增加距離之時，發現到電子的機率又會開始減少，由此來看，3s 軌域有 2 個波節，至於 4s 軌域則是有 3 個波節。

📝 本文參考與引用出處：

- https://ja.wikipedia.org/wiki/S%E8%BB%8C%E9%81%93

- https://en.wikipedia.org/wiki/Hydrogen_atom

6.22 P 軌域概說

　　上一節，我們講解完了 s 軌域，而本節，我們要來講解的是 p 軌域（ $l=1$ ），對於所有的 p 軌域來說，不管其是 $2p$ 、 $3p$ ...只要是 p 軌域，其形狀都類似於啞鈴（也有人稱為葉瓣，以下我們以啞鈴為例），圖示如下所示：

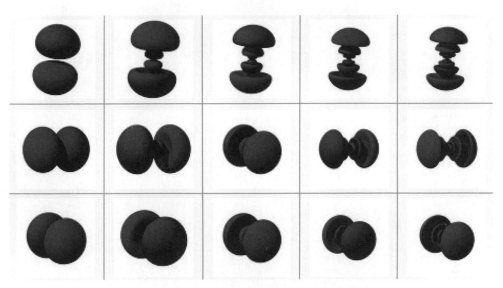

(此圖引用自維基百科)

　　在上圖當中，由左至右分別是 p 軌域的 $2p$ 、 $3p$ 、 $4p$ 、 $5p$ 與 $6p$ 軌域的立體模型。

　　p 軌域的啞鈴之間被一個節平面所切開，而這節平面剛好就位於原子核之上，因此，電子在節平面（或原子核）上被發現到的機率為零，至於 p 軌域的波函數則是如下所示：

2p$_0$	2	1	0	$\frac{1}{4\sqrt{2\pi}}\left(\frac{Z}{a_0}\right)^{\frac{3}{2}}\frac{Zr}{a_0}e^{-\frac{Zr}{2a_0}}\cos\theta$	
2p$_{-1/+1}$	2	1	±1	$\frac{1}{8\sqrt{\pi}}\left(\frac{Z}{a_0}\right)^{\frac{3}{2}}\frac{Zr}{a_0}e^{-\frac{Zr}{2a_0}}\sin\theta e^{\pm i\phi}$	
3p$_0$	3	1	0	$\frac{\sqrt{2}}{81\sqrt{\pi}}\left(\frac{Z}{a_0}\right)^{\frac{3}{2}}\left(6-\frac{Zr}{a_0}\right)\frac{Zr}{a_0}e^{-\frac{Zr}{3a_0}}\cos\theta$	
3p$_{-1/+1}$	3	1	±1	$\frac{1}{81\sqrt{\pi}}\left(\frac{Z}{a_0}\right)^{\frac{3}{2}}\left(6-\frac{Zr}{a_0}\right)\frac{Zr}{a_0}e^{-\frac{Zr}{3a_0}}\sin\theta e^{\pm i\phi}$	

(此圖引用自維基百科)

　　在上圖當中，對 p 軌域而言，由於 $m_l = +1$、0、-1，所以造就了 p 軌域有三個，分別是：

- p_x：沿 x 軸對稱的啞鈴。
- p_y：沿 y 軸對稱的啞鈴。
- p_z：沿 z 軸對稱的啞鈴。

　　在此要注意的是，p_x、p_y 與 p_z 形狀相同，但方向皆不同，且 p_x、p_y 與 p_z 每一個都可以容納 2 顆電子，因此，p 軌域最多可以容納 6 顆電子，讓我們來看圖：

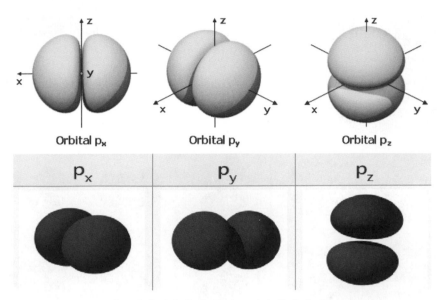

(此圖引用自維基百科,並由作者修改)

　　當主量子數 $n = 1$ 之時,沒有 p 軌域,也就是說, p 軌域是從主量子數 $n = 2$ 之時才開始出現,此時所對應到的 p 軌域就是 $2p_x$、 $2p_y$ 與 $2p_z$,後續以此類推。

📝 本文參考與引用出處:

• https://zh.wikipedia.org/wiki/P%E8%BB%8C%E5%9F%9F

6.23 *d* 軌域概說

上一節，我們講解完了 *p* 軌域，而本節，我們要來講解的是 *d* 軌域（ *l*=2 ），圖示如下所示：

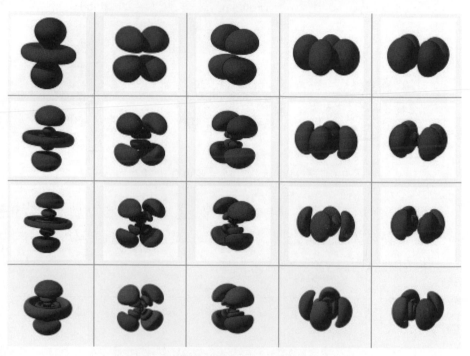

(此圖引用自維基百科)

在上圖當中，由上而下分別是 3*d* 、 4*d* 、 5*d* 、 6*d* 軌域的立體模型，至於 *d* 軌域的波函數則是如下所示：

$3d_0$	3	2	0	$\dfrac{1}{81\sqrt{6\pi}}\left(\dfrac{Z}{a_0}\right)^{\frac{3}{2}}\dfrac{Z^2 r^2}{a_0^2}e^{-\frac{Zr}{3a_0}}(3\cos^2\theta-1)$
$3d_{-1/+1}$	3	2	±1	$\dfrac{1}{81\sqrt{\pi}}\left(\dfrac{Z}{a_0}\right)^{\frac{3}{2}}\dfrac{Z^2 r^2}{a_0^2}e^{-\frac{Zr}{3a_0}}\sin\theta\cos\theta\, e^{\pm i\phi}$
$3d_{-2/+2}$	3	2	±2	$\dfrac{1}{162\sqrt{\pi}}\left(\dfrac{Z}{a_0}\right)^{\frac{3}{2}}\dfrac{Z^2 r^2}{a_0^2}e^{-\frac{Zr}{3a_0}}\sin^2\theta\, e^{\pm 2i\phi}$

(此圖引用自維基百科)

　　對 d 軌域而言，由於 $m_l = +2$、$+1$、0、-1、-2，所以造就了 d 軌域有五個，分別是 d_{z^2}、$d_{x^2-y^2}$、d_{xy}、d_{yz} 與 d_{xz}，其中 $d_{x^2-y^2}$、d_{xy}、d_{yz} 與 d_{xz} 的形狀相同，讓我們來看圖：

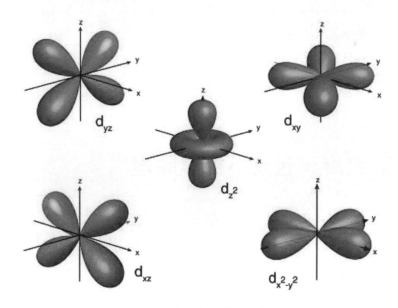

(此圖引用自維基百科)

　　在上圖當中，軌域的四片「啞鈴瓣」分別被兩個交錯的節平面所錯開，以及下圖是 $5d$ 軌域的模型，其中，紅色和藍色的中間空隙部分為波節：

(此圖引用自維基百科)

最後補充一點,當主量子數 $n = 1$ 與 $n = 2$ 之時,沒有 d 軌域,也就是說,d 軌域是從主量子數 $n = 3$ 之時才開始出現。

📝 本文參考與引用出處:

- https://zh.wikipedia.org/wiki/D%E8%BB%8C%E5%9F%9F

6.24 自旋與包立不相容原理

自旋(Spin)是粒子的一種天生性質,而這種性質又被稱為內稟,在某些場合之下,會把自轉與自旋拿來做比較,但其實就本質上來說,自轉與自旋兩者的意義不同。

在量子物理學當中,關於電子自旋基本上有下面兩點:

1. 電子自旋量子數以 s 來表示,且任意電子於任意時間之下 $s = \dfrac{1}{2}$。

2. 電子自旋角動量有兩種方向，分別是↑（量子數 $m_s = +\frac{1}{2}$，又稱為 α 電子）與↓（量子數 $m_s = -\frac{1}{2}$，又稱為 β 電子）。

各位可參考下圖：

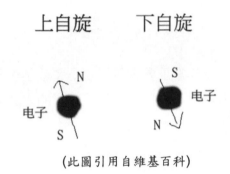

（此圖引用自維基百科）

根據自旋的整數與半整數來説，可以把粒子給分類：

1. 自旋為整數：此時的粒子是玻色子（Boson），例如自旋為 0 的希格斯玻色子（Higgs Boson）、自旋為 1 的膠子、光子、W 玻色子及 Z 玻色子，以及自旋為 2 的引力子等等。

2. 自旋為半整數：此時的粒子是費米子（Fermion），例如自旋 $\frac{1}{2}$ 的電子、質子與中子、自旋為 $-\frac{3}{2}$ 重子（十重態）與自旋為 $-\frac{1}{2}$ 的重子（八重道），另外就是其他的複合粒子等等。

對於電子本身具有自旋的性質可以透過下面的斯特恩－革拉赫實驗來證明：

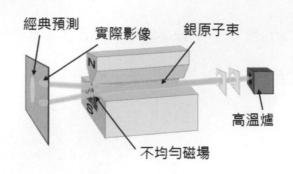

經典預測　實際影像　銀原子束

不均勻磁場

高溫爐

(此圖引用自維基百科)

　　斯特恩－革拉赫實驗非常重要，可以說是開啟了整個量子力學的關鍵核心之一，不過由於斯特恩－革拉赫實驗可探討的內容非常複雜，所以在此我們簡介此實驗，並直接講解結論即可。

　　簡單來說，當電子通過磁場時，電子會與外加磁場發生作用，此時磁場會依照電子自旋的方向來推電子或者是拉電子，於是一束原子便被分成了兩束，分別是↑自旋原子與↓自旋原子，因此，斯特恩－革拉赫實驗便證明出電子本身確實是具有自旋的性質在。

　　最後，讓我們來講講包立不相容原理（Pauli Exclusion Principle），所謂的包立不相容原理最主要有兩個意思：

1. 在同一軌域當中最多只能放置兩顆電子。
2. 這兩顆電子的自旋方向必定相反，在此稱為配對自旋，以↑↓來表示。

　　關於第一點，我們可以從電子組態當中清楚地看到，至於第二點，主要描述的是兩顆電子的自旋角動量彼此之間互相抵消，主要是因為某一顆電子的 $m_s = +\dfrac{1}{2}$，而另一顆電子的 $m_s = -\dfrac{1}{2}$，所以互相抵消之後就為 0。

本文參考與引用出處：

- https://zh.wikipedia.org/wiki/%E6%96%BD%E7%89%B9%E6%81
  %A9%EF%BC%8D%E6%A0%BC%E6%8B%89%E8%B5%AB%E
  5%AE%9E%E9%AA%8C

6.25　電子組態的排列原理

關於電子組態的基本原理我們已經學過了，但我們現在要面對的情況比較複雜，首先讓我們回到氫原子的電子組態：

原子序 元素符號 元素名稱：電子組態																								
基態原子電子組態																								
1s	2s	2p	3s	3p	3d	4s	4p	4d	4f	5s	5p	5d	5f	5g	6s	6p	6d	6f	7s	7p	7d	8s	8p	9s	9p
0 n 零號元素：無電子																								
1 H 氫：$1s^1$																								
$1s^1$																								
1																								

在氫原子當中，由於氫原子有 1 顆電子，所以其電子組態就是 $1s^1$。

接下來讓我們來看看氦原子的電子組態：

2 He 氦：$1s^2$																							
$1s^2$																							
2																							

在氦原子當中，由於氦原子有 2 顆電子，所以其電子組態就是 $1s^2$，又因為包立不相容原理，所以 $1s$ 已經填滿了兩顆電子進而形成了具有穩定性的閉層或閉殼層（Closed Shell，也可以説 K 層已滿），而針對這種情況，我們可以 $[He]$ 來表示。

於是，下一個元素鋰的電子組態不是 $1s^3$，而是要填入 $n = 2$（也就是 L 層），因此，鋰的第三顆電子要填入 $2s$ 軌域當中為 $2s^1$：

3 Li 鋰 : [He] 2s¹																
$1s^2$	$2s^1$															
2	1															

結論是，在鋰原子當中，由於鋰原子有 3 顆電子，所以其電子組態就是 $1s^2 2s^1$，但現在問題來了，為什麼第三顆電子要填入 $2s$ 軌域而不是填入 $2p$ 軌域？這主要是因為 $2s$ 軌域的能量比 $2p$ 還要低，所以鋰的第三顆電子要填入 $2s$ 軌域當中。

另外就是，由於鋰的電子組態為 $1s^2 2s^1$，而由於氦原子的電子組態是 $1s^2$，因此，鋰的電子組態又可以寫成 $[He]2s^1$，這表示鋰可看成是由兩顆 $1s$ 電子的類似氦中心的原子核之外，還被一顆 $2s$ 電子所環繞。

當把電子給填入軌域之時，雖然是有一定的規則，但也要小心填入的順序，尤其是當你必須得考慮到電子的自旋狀態之時，讓我們來看下面的例子，在下面的例子當中，一個軌域裡頭最多可以填滿兩顆自旋狀態為 ↑↓ 的電子：

軌域	H
$1s$	↑

軌域	He
$1s$	↑↓

軌域	Li
2s	↑
1s	↑↓

軌域	Be
2s	↑↓
1s	↑↓

從這裡開始各位就要注意，對 B 來講，由於 $2p$ 軌域有三個，分別是 $2p_x$、$2p_y$ 與 $2p_z$，所以電子要填入哪一個軌域都可以：

軌域	B		
2p	↑		
2s	↑↓		
1s	↑↓		

但填到 C 之時各位就一定要小心，由於電子的自旋方向相同時，狀態會比較穩定，所以第六顆電子的自旋方向要與第五顆電子相同，以及請各位注意，在下面 C 原子的 $2p$ 軌域當中，兩顆 ↑ 電子分屬於兩個不同的軌域，因此是兩個不成對電子：

軌域	C		
$2p$	↑	↑	
$2s$	↑↓		
$1s$	↑↓		

此時碳原子的電子組態就是 $1s^2 2s^2 2p^2 = [He]2s^2 2p^2$，對於兩顆↑電子分屬於兩個不同的軌域，我們可以假設電子組態如下：

$$[He]2s^2 2p_x^1 2p_y^1$$

在下面 N 原子的 $2p$ 軌域當中，三顆↑電子分屬於三個不同的軌域，因此 N 有三個不成對電子：

軌域	N		
$2p$	↑	↑	↑
$2s$	↑↓		
$1s$	↑↓		

電子組態如下：

$$[He]2s^2 2p^3 = [He]2s^2 2p_x^1 2p_y^1 2p_z^1$$

當用↑把 $2p$ 的三個軌域給填滿之後，接下來用↓來把 $2p$ 的三個軌域給填滿，因此 O 有一個成對電子、兩個不成對電子：

軌域	O		
$2p$	↑↓	↑	↑
$2s$	↑↓		
$1s$	↑↓		

電子組態如下：

$$[He]2s^2 2p^4 = [He]2s^2 2p_x^2 2p_y^1 2p_z^1$$

F 是兩個成對電子、一個不成對電子：

軌域	F		
$2p$	↑↓	↑↓	↑
$2s$	↑↓		
$1s$	↑↓		

電子組態如下：

$$[He]2s^2 2p^5 = [He]2s^2 2p_x^2 2p_y^2 2p_z^1$$

Ne 是三個成對電子，且形成 $[Ne]$ 的閉殼層結構：

軌域	Ne		
$2p$	↑↓	↑↓	↑↓
$2s$	↑↓		

1s	↑↓

電子組態如下：

$$[He]2s^2 2p^6 = [He]2s^2 2p_x^2 2p_y^2 2p_z^2 = [Ne]$$

以上就是填入電子組態的一個規則。

接下來，我們要來講解價電子（Valence Electron），所謂的價電子意思就是指基態時原子最外層的電子，在化學當中，價電子能與其他原子藉由相互作用進而形成化學鍵，因此價電子在整個化學理論當中非常重要，例如以鋰來說，鋰的價電子為第三顆電子也就是 $2s$ 電子，至於鋰的第一顆 $1s$ 電子與第二顆 $1s$ 電子則是組成了具有氦原子形式的閉殼層，而這閉殼層我們可以視為核心，核心本身並不會形成化學鍵。

最後，對 C 而言，C 的基態為：

軌域	C		
$2p$	↑	↑	
$2s$	↑↓		
$1s$	↑↓		

但如果 C 處於激發態的話，則電子組態就是：

軌域	C		
$2p$	↑↓		
$2s$	↑↓		

1s	↑↓

其中，↑↓同時佔據$2p$的某一個軌域當中，或者是：

軌域	C		
$2p$	↑	↓	
$2s$	↑↓		
$1s$	↑↓		

其中，↑↓分別佔據$2p$的兩個不同的軌域當中。

當原子處於激發態之下時，狀況並不穩定，也因此，此時的原子便會放出多餘的能量，並且回到較低的能量狀態當中。

6.26 離子的電子組態

所謂的離子（Ion）指的是原子或分子得到或者是失去電子之時，所形成的帶電粒子，於是這裡就涉及到一個問題，當原子得到或者是失去電子之時，電子要如何轉移？

根據電子轉移的方式，於是離子具有兩種不同的形式，分別是：

- 陽離子：失去電子，失去順序為 p、s、d，若無當下軌域電子，則順位下一個。
- 陰離子：得到電子，依照電子填入軌域的順序來處理，又稱為構築原理。

在此舉鐵與氧這兩個例子來做解說：

1. 鐵形成鐵離子：鐵失去電子，此時 $Fe : [Ar]3d^6 4s^2 \xrightarrow{-3}$ $Fe^{3+} : [Ar]3d^5$

2. 氧形成氧離子：氧得到電子，此時 $O : [He]2s^2 2p^4 \xrightarrow{+2} O^{2-} :$ $[He]2s^2 2p^6$

此時的氧離子具有 Ne 的電子組態。

Chapter

07

量子物理學的進階
應用-量子化學概論

7.1 分子軌域與共價鍵概說

　　當原子彼此結合在一起之後就會形成所謂的分子，而由於原子與原子之間發生結合，所以原先在原子當中的電子軌域便會開始出現變化而形成所謂的分子軌域，而這之中還涉及到化學鍵這個很重要的基本概念。

　　由於分子軌域是個很複雜的主題，所以一開始我們先不要把事情給弄得太難，我們先從氫原子開始，因為氫原子只有一顆電子，所以比較好處理。

　　有了以上的內容之後，接下來就讓我們一起來看看下圖，下圖是左邊兩顆氫原子在互相接近之後，這兩顆氫原子的 1s 軌域的電子雲會開始發生重疊，也就是電子雲重疊，而電子雲重疊之後就會形成所謂的共價鍵（Covalent Bond），情況如下圖右所示：

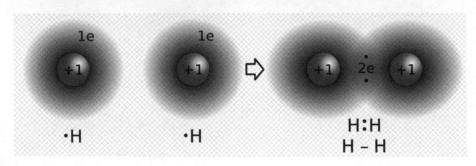

(此圖引用自維基百科，並由作者修改)

　　而上圖同時也表示，左邊兩顆的氫原子結合成所謂的氫分子，當氫分子形成之後，原來左邊那兩顆氫原子的 1s 軌域便會消失，於是在兩顆氫原子核的周圍遂形成了所謂的氫分子軌域，而這就是分子軌域的簡單範例。

在本例當中，形成共價鍵的關鍵條件就是這兩顆氫原子本身要擁有不成對的電子，因此，若有 1 個不成對電子，則能形成 1 個共價鍵；若有 2 個不成對電子，則能形成 2 個共價鍵；同理，若有 3 個不成對電子，則能形成 3 個共價鍵；最後，我們定義價數為原子的不成對電子數。

本文參考與圖片引用出處：

- https://zh.wikipedia.org/wiki/%E5%85%B1%E4%BB%B7%E9%94 %AE

7.2　氫分子的波函數表示

上一節，我們已經了解了分子軌域與共價鍵的基本概念，而本節，我們則是要把波函數給導入進去，並且讓整個描述可以更為深刻一點，還是一樣，讓我們先回到下圖：

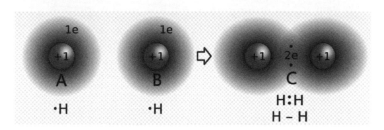

(此圖引用自維基百科，並由作者修改)

在上圖當中，我們對氫原子分別上了 A 與 B 兩個編號，至於氫分子的編號則是 C，以及就電子與原子之間的情況來看，我們知道：

1. A 這顆氫原子的電子 e_A 位於 A 氫原子當中。

2. B 這顆氫原子的電子 e_B 位於 B 氫原子當中。

此時,若兩顆氫原子 AB 分開,則分子的波函數為:

$$\psi = \psi_{H1s_A}(e_A)\psi_{H1s_B}(e_B)$$

但當核間距與鍵長相等之時,此時的波函數為:

$$\psi = \psi_{H1s_A}(e_B)\psi_{H1s_B}(e_A)$$

也就是 e_B 位於 A 當中,而 e_A 位於 B 當中,由於出現這兩種情況的機會一樣,所以我們可以把波函數給相加起來,因此我們便可以得到氫分子的波函數:

$$\psi\,(\text{H-H}) = \psi_{H1s_A}(e_A)\psi_{H1s_B}(e_B) + \psi_{H1s_A}(e_B)\psi_{H1s_B}(e_A)$$

最後,讓我們來寫個兩原子鍵結的波函數:

$$\psi\,(\text{P-Q}) = P(e_P)Q(e_Q) + P(e_Q)Q(e_P)$$

其中:

- P:表示 P 原子的軌域。
- Q:表示 Q 原子的軌域。
- P-Q:表示 P-Q 鍵結。

✏️ 本文參考與圖片引用出處:

- https://zh.wikipedia.org/wiki/%E5%85%B1%E4%BB%B7%E9%94%AE

7.3 位能曲線概說

在上一節當中，我們已經把兩原子鍵結的波函數：

$$\psi \text{(P-Q)} = P(e_P)Q(e_Q) + P(e_Q)Q(e_P)$$

給找了出來，如果把上面的式子給代入薛丁格方程式當中，並假設核間距 R 固定的話，這時候我們便可以得到能量解為 E，但如果修改 R 的話，這時候我們便可以得到不同的能量解，若因此而作圖，則我們可以得到下面的位能曲線圖：

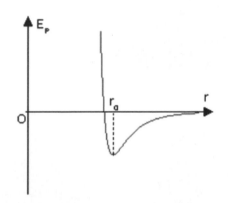

(此圖引用自維基百科，並由作者修改)

上圖的意義有兩個：

1. 當兩原子逐漸靠近之時，這時候的淨力會使得能量降低。
2. 當兩原子非常靠近之時，這時候的淨力會使得能量升高。

關於第一點的淨力，指的是鍵結電子對與兩原子核之間的引力，至於第二點的淨力，指的是兩原子核之間的庫倫排斥力。

而對於第二點來說，此時的庫倫排斥位能與核間距 R 之間的關係為：

$$V \propto \frac{1}{R}$$

本文參考與圖片引用出處：

- https://zh.wikipedia.org/wiki/%E5%8A%BF%E8%83%BD

7.4 甲烷的基本簡介

在繼續下去我們的量子化學之前，讓我們先來看一種在化學（有機化學）上一種被稱為甲烷的碳氫化合物，圖示如下所示：

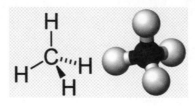

(此圖引用自維基百科)

從上圖當中我們知道，碳原子以單鍵跟四個氫原子結合在一起，這主要是因為碳原子有四顆價電子，而這四顆價電子可以跟四個氫原子外頭的每一顆價電子結合在一起而形成甲烷，圖示如下所示：

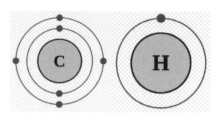

(此圖引用自維基百科)

　　在上圖當中，左邊的碳原子只要一顆，而右邊的氫原子則是需要四顆，這樣一來，就能夠達成八隅體規則（Octet Rule，或稱為八電子規則），圖示如下所示：

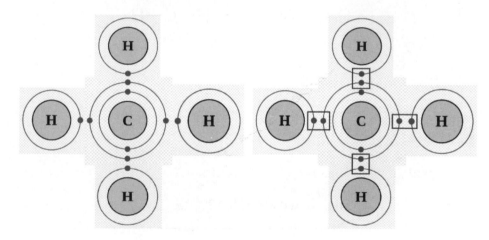

(此圖引用自維基百科，並由作者修改)

　　在上圖左當中，一顆碳原子外頭的四顆價電子分別與四個氫原子外頭的每一顆價電子結合在一起，而上圖右則是碳原子與氫原子結合在一起之時，電子的組合狀況，各位可以發現到，紅色框框所框起來的部分則是共用電子，而這一共有四對電子也就是八顆電子，所以稱為八隅體規則，我們可以用下面的式子來表示上面的結合狀況：

$$\cdot \overset{\cdot}{\underset{\cdot}{C}} \cdot \ + \ 4H \cdot \ \rightarrow \ H : \overset{\overset{\cdot\cdot}{H}}{\underset{\underset{\cdot\cdot}{H}}{C}} : H$$

在上圖當中，黑色圓點表示電子。

就化合後的情況來說，用黑色圓點來表示電子的話比較麻煩，因此，我們通常用一條線來表示結合狀況：

$$\cdot \overset{\cdot}{\underset{\cdot}{C}} \cdot \ + \ 4H \cdot \ \rightarrow \ H - \overset{\overset{H}{|}}{\underset{\underset{H}{|}}{C}} - H$$

以上，就是甲烷的基本簡介。

📝 本文參考與圖片引用出處：

* https://zh.wikipedia.org/wiki/%E6%B0%A2

* https://zh.wikipedia.org/wiki/%E7%A2%B3

7.5 提昇與混成

在講解本節的主題之前，讓我們先回過頭來看看碳原子的電子組態：

$$[He]2s^2 2p_x^1 2p_y^1$$

各位可以看到，碳原子的電子組態告訴了我們，$2s$ 軌域目前處於填滿的狀態，而 $2p_x^1$ 軌域和 $2p_y^1$ 軌域則是分別占據一顆電子的狀態，但你仔細回想一下，我們說在甲烷的碳原子當中有四顆價電子，而這四顆價電子可以跟四個氫原子結合在一起而形成所謂的甲烷，可現在問題來了，你看看碳原子的電子組態是：

$$[He]2s^2 2p_x^1 2p_y^1$$

在 $2s$ 軌域處於填滿以及 $2p_x^1$ 和 $2p_y^1$ 分別占據一顆電子的情況之下，碳原子怎麼會有四顆價電子來與四個氫原子結合在一起呢？畢竟你怎麼看這時候的碳原子也只能形成兩個鍵，所以這又是怎麼一回事呢？

所以這個問題，就是本節所要來討論的主題-提昇與混成，由於這兩個概念很抽象，所以讓我們直接以碳原子與甲烷為例來說明提昇與混成的基本概念：

- 提昇：碳原子經激發之後，會從 $[He]2s^2 2p_x^1 2p_y^1 \rightarrow$ $[He]2s^1 2p_x^1 2p_y^1 2p_z^1$。

- 混成：激發後的碳原子，其四個軌域 $2s^1 2p_x^1 2p_y^1 2p_z^1$ 會混合起來而成為四個全等的 sp^3 混成軌域。

關於第一點的提昇，意思就是指電子從能量較低的軌域當中，被激發到能量較高的軌域當中，而此時的原子便處於所謂的激發態，以碳原子為例，碳原子的 $2s$ 軌域已經被兩顆電子給填滿而成為 $2s^2$，這時候 $2s^2$ 當中的一顆 $2s$ 電子藉由激發被提升到 $2p$ 軌域當中，因此，激發後的電子組態便會是 $[He]2s^1 2p_x^1 2p_y^1 2p_z^1$。

在 $[He]2s^1 2p_x^1 2p_y^1 2p_z^1$ 當中，我們可以清楚地看到 $[He]2s^1 2p_x^1 2p_y^1 2p_z^1$ 有四個未配對電子，而這四個未配對電子（四個軌域）便可以跟四顆電子形成四個化學鍵，最典型的例子就是上一節所說過的甲烷。

有了提昇這個基本概念之後，接下來就是第二點的混成，雖然碳原子藉由提升之後，電子組態發生了變化，但四個未配對電子（四個軌域）卻不是直接以 1 個 s 軌域以及三個 p 軌域直接下去跟氫原子產生鍵結，而是把這四個軌域給混合之後再與氫原子形成化學鍵，也就是四個全等的 sp^3 混成軌域，如此一來，甲烷會變產生，情況如下圖左所示：

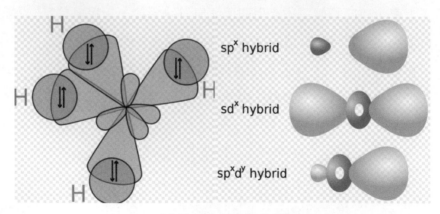

(此圖引用自維基百科)

至於上圖右，則是混成軌域的範例，各位可以參考下表當中的例子：

類別	sp^{x}混成	sd^{x}混成	sp^{x}d^{y}混成
	主族/ 過渡金屬	僅過渡金屬	
AX$_2$	• 直線形 • sp混成 (180°) • 例: C_2H_2、CO_2		
AX$_3$	• 平面正三角形 • sp^{2}混成 (120°) • 例: BF_3、石墨、C_2H_4	• 三角錐 • sd^{2}混成 (90°) • 例: CrO_3	
AX$_4$	• 正四面體 • sp^{3}混成 (109.5°) • 例: CH_4、鑽石	• 正四面體 • sd^{3}混成 (70.5°, 109.5°) • 例: MnO_4^-	• 平面正方形 • sp^{2}d混成 • 例: $PtCl_4^{2-}$
AX$_6$		• C_{3v} 三稜柱 • sd^{5}混成 (63.4°, 116.6°) • 例: $W(CH_3)_6$	• 正八面體 • sp^{3}d^{2}混成 • 例: $Mo(CO)_6$
軌域間角	$\theta = \arccos(-\dfrac{1}{x})$	$\theta = \arccos\left(\pm\sqrt{\dfrac{1}{3}\left(1-\dfrac{2}{x}\right)}\right)$	

(此表引用自維基百科)

在上表當中我們可以看到，甲烷的類別是 AX_4，其對應是 sp^{x}混成。

以上是碳原子與氫原子之間的鍵結情況，而在實際的情況之下，碳原子與碳原子之間其實也會產生鍵結，例如：

烷烴：碳－碳單鍵（C－C）與碳－氫單鍵（C－H）

烯烴：碳－碳雙鍵（C＝C）

炔烴：碳－碳參鍵（C≡C）

範例如下表所示：

sp (linear)	sp^2 (trigonal-planar)	sp^3 (tetraedrisch)
Ethin (C_2H_2)	Ethen (C_2H_4)	Methan (CH_4)

(此表引用自維基百科)

最後，關於碳原子的鍵結情況在此讓我們做下面幾點補充：

1. 碳原子與碳原子之間可以藉由鍵結而形成很長的分子鏈（也就是所謂的成鏈）。

2. 碳原子與碳原子之間的鍵結強度不但很大，而且還很穩定。

3. 碳原子可以形成許多種類的化合物。

4. 碳原子可以與其他原子結合在一起進而形成像 DNA 這種與生命相關的巨大分子。

本文參考與圖片引用出處：

7.6 混成與波函數

上一節，我們解釋了提昇與混成，而本節，我們則是要來解釋軌域的混成方式，讓我們繼續以碳原子為例，簡單來講，軌域的混成方式就是把四個軌域的波函數給相加起來：

$$Hy_1 : s + p_x + p_y + p_z$$

$$Hy_2 : s - p_x - p_y + p_z$$

$$Hy_3 : s - p_x + p_y - p_z$$

$$Hy_4 : s + p_x - p_y - p_z$$

在上面的四個式子當中，每一個軌域都是等值的混成軌域。

由於波本身具有建設性干涉與破壞性干涉的特性在，而這特性同時也存在於量子物理學當中的波函數，這使得在混成出來的軌域當中，葉瓣較大的那一邊會朝向正四面體的四個角落，且從中心測量，還可以發現到角度均等，情況如下圖中四個全等的 sp^3 混成軌域：

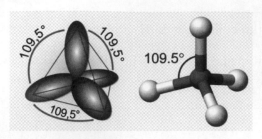

(此圖引用自維基百科)

對甲烷來説，由於碳原子有四個全等的 sp^3 混成軌域，而每一個 sp^3 混成軌域則是會與每一個氫原子的 $1s$ 軌域產生鍵結（ σ 鍵），再加上形成甲烷的氫原子一共有四個，因此這四個 σ 鍵會完全相同，圖示如下所示：

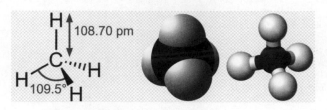

(此圖引用自維基百科)

在上圖左當中，碳原子位於正四面體的中心，且每一個氫原子則是位於正四面體的每一個角落，另外中圖是甲烷的球狀結構，至於右圖則是甲烷的鍵結結構。

✍ 本文參考與圖片引用出處：

- https://de.wikipedia.org/wiki/Hybridorbital

- https://zh.wikipedia.org/wiki/%E6%B7%B7%E6%88%90%E8%BB%8C%E5%9F%9F

- https://zh.wikipedia.org/wiki/%E7%94%B2%E7%83%B7

7.7 電負度與氫鍵

在前面，我們曾經講解過離子的基本概念，在元素週期表上，某些特定的原子會容易形成陽離子或者是陰離子：

- 容易形成陽離子的原子：氫（H）、鋰（Li）、鈉（Na）...
- 容易形成陰離子的原子：氟（F）、氯（Cl）、氧（O）...

有了上面的內容後，接下來我們來解釋電負度（Electronegativity，簡寫為 EN），電負度的基本概念就有點像拔河比賽中，力氣較大那一方的拉力，因此把這概念給套用在原子上的話，那電負度的意思就是指原子吸引電子，然後讓原子自己帶負電的一種度量程度，所以電負度也被稱為離子性、負電性或者是陰電性。

這樣講太抽象了，讓我們來直接舉個例子，各位都知道水分子 H_2O：

(此圖引用自維基百科)

在水分子當中，氧原子與氫原子之間會有鍵結，在此以 O-H 來表示其鍵結，而在 O-H 鍵當中：

1. 氧的電負度為 3.44。
2. 氫的電負度為 2.2。

所以，O-H 鍵當中的電子雲會偏向於氧，這時候使得氧帶有部分負電（δ^-），而氫則是帶有部分正電（δ^+），這時候，水分子當中的氧，便

會與別的水分子當中的氫之間產生靜電吸引力，情況如下圖中的虛線所示：

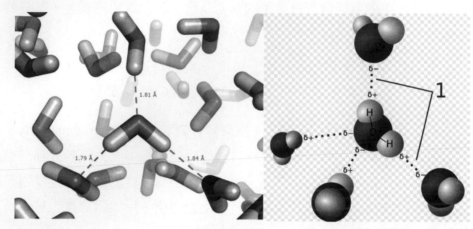

(此圖引用自維基百科)

而這種吸引力，就是所謂的氫鍵（Hydrogen Bond）。

✏️ 本文參考與圖片引用出處：

- https://zh.wikipedia.org/wiki/%E6%B0%A2%E9%94%AE

- https://zh.wikipedia.org/wiki/%E6%B0%B4%E7%9A%84%E6%80%A7%E8%B3%AA

- https://zh.wikipedia.org/wiki/%E7%94%B5%E8%B4%9F%E6%80%A7

7.8 共振

　　在講解共振的基本概念之前,讓我們先來看看氯化氫(Hydrogen Chloride,分子式為 HCl),講氯化氫大家可能不知道,講鹽酸的話,那大家可能都知道,鹽酸是氯化氫水溶液。

　　氯化氫是由一個氫原子和一個氯原子,藉由共價鍵所形成的雙原子分子,圖示如下所示(下圖引用自維基百科):

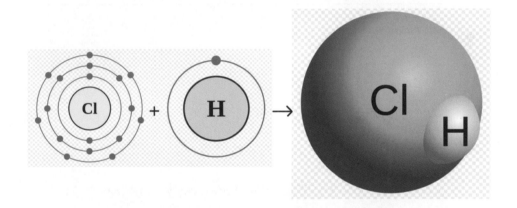

　　在上圖當中,雖然一個氫原子與一個氯原子結合成氯化氫分子,但由於氯原子的電負度為 3.16,比氫原子的電負度 2.2 還要大,所以,兩原子間在共價鍵方面出現很強的極性。

　　接下來讓我們來看看,在氯原子當中,電子的自旋排列狀況:

軌域	Cl		
$3p$	↑↓	↑↓	↑
$3s$	↑↓		
$2p$	↑↓	↑↓	↑↓
$2s$	↑↓		
$1s$	↑↓		

至於氯原子的電子組態則是如下所示：

$$[Ne]3s^2 3p^5$$

所以我們可以看到，氯原子在 $3p_z$ 當中可填入一顆電子。

接下來讓我們來看看，氯化氫的純共價鍵：

$$\psi_{con} = \psi_{H1s}(e_P)\psi_{Cl2p_z}(e_Q) + \psi_{H1s}(e_Q)\psi_{Cl2p_z}(e_P)$$

但由於氯原子的電負度 3.16 大於氫原子的電負度 2.2，因此，氯化氫有形成 H^+Cl^- 的機會，此時，波函數就是：

$$\psi_{ion} = \psi_{Cl2p_z}(e_P)\psi_{Cl2p_z}(e_Q)$$

這時候，氯化氫的真實波函數為上面兩者的重疊：

$$\psi_t = \psi_{con} + \lambda\psi_{ion}$$

而像這種重疊，就是本節的主題-共振，至於重疊的波函數則是稱為共振混成。

本文參考與圖片引用出處：

- https://zh.wikipedia.org/wiki/%E6%B0%AF

- https://zh.wikipedia.org/wiki/%E6%B0%A2

- https://zh.wikipedia.org/wiki/%E6%B0%AF%E5%8C%96%E6%B0%A2
2

7.9　原子軌域線性組合概說

原子軌域線性組合（Linear Combination Of Atomic Orbitals，簡寫為 LCAO），是一種透過對原子軌域進行線性疊加，並藉此來找出分子軌域的一種計算方法，由於此法是找出分子軌域，因此又被簡稱為 LCAO-MO 法，其數學形式如下所示（以下式子引用自維基百科）：

$$\psi_i = \sum_{j}^{n} c_{ji}\varphi_j$$

在上面的式子當中：

ψ_i：第 i 條分子軌域。

n：原子數量。

φ_j：原子軌域。

c_{ji}：第 j 條原子軌域對此分子軌域 i 的貢獻大小。

其實分子軌域跟原子軌域的情況很像,差別只在於分子軌域是遍及在整個分子之上,這情況與原子軌域的情況相類似,而對於分子軌域我們依舊還是得考慮到波函數的情況,也就是說:

1. 分子軌域的波函數振幅較大之時,這時候在此處發現到電子的機率也會較大。
2. 分子軌域的波函數振幅較小之時,這時候在此處發現到電子的機率也會較小。
3. 分子軌域的波函數振幅為零之時,這時候在此處發現到電子的機率也會為零。

有了以上的基本概念之後,接下來我們就可以來看看分子軌域。

📝 本文參考與圖片引用出處:

* https://zh.wikipedia.org/wiki/%E5%8E%9F%E5%AD%90%E8%BD
  %A8%E9%81%93%E7%BA%BF%E6%80%A7%E7%BB%84%E5
  %90%88

7.10 成鍵軌域與反鍵軌域

一般來說,分子軌域非常複雜,所以通常為了方便解說起見,我們先不要去想那些結構非常複雜的分子,我們先從氫氣分子來開始就好,因為氫氣分子的結構非常簡單,也因此,初學者們非常適合透過氫氣分子來學習分子軌域的基本概念。

當 P 氫原子與 Q 氫原子兩端的 $1s$ 軌域發生重疊之後就會形成新的分子軌域，分別是成鍵軌域與反鍵軌域，讓我們來看看：

1. 成鍵軌域：電子出現在 P 氫原子核與 Q 氫原子核中心連線的中間位置的機率最高，此時形成的分子軌域為 σ 軌域（也就是成鍵軌域），圖示如下所示（下圖引用自維基百科，並由作者修改）：

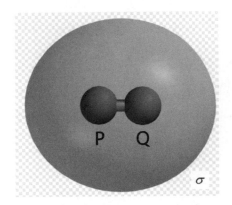

2. 反鍵軌域：電子出現在 P 氫原子核與 Q 氫原子核中心連線的中間位置的機率為零，此時形成的分子軌域為 σ^* 軌域（也就是反鍵軌域），圖示如下所示（下圖引用自維基百科，並由作者修改，中間的空隙部分則是波節）：

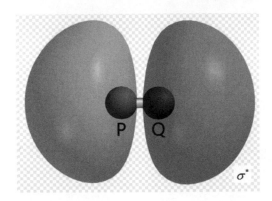

有了上面的基本概念之後，接下來讓我們來解釋一下成鍵軌域與反鍵軌域的意義：

1. 成鍵軌域（Bonding Orbital）：當形成分子軌域之時，能量較低的分子軌域，當電子填入 σ 軌域之後，此時能量降低，且鍵的強度增加。

2. 反鍵軌域（Antibonding Orbital）：當形成分子軌域之時，能量較高的分子軌域，電子填入 σ^* 軌域之後，此時能量升高，且鍵的強度減少。

當電子在填入氫氣分子的分子軌域之時，會先從能量較低的 σ 軌域來開始填起，由於 σ 軌域可以填滿兩顆電子，而氫氣分子有兩顆電子，所以 σ 軌域會被填滿，讓我們來看圖（下圖引用自維基百科）：

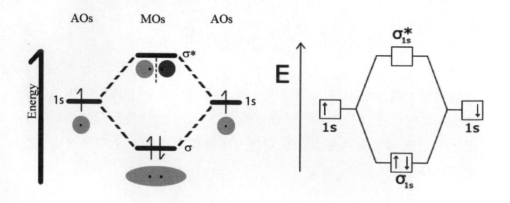

在上圖當中：

- AOs：原來的原子軌域。
- MOs：鍵結後的分子軌域。
- Energy：軌域的能量。
- 箭頭：軌域中的電子，其中箭頭方向表示電子自旋的方向。

最後，我補充下列幾點：

1. 成鍵軌域總是與反鍵軌域成對出現，剩下的為非鍵軌域。

2. 當對 σ 軌域填進兩顆電子之時，此時的電子組態就是 σ^2，也就是 σ 鍵。

3. σ 軌域中的能量最低時，有參考文獻稱為 1σ 軌域，當電子填入時稱為 1σ 電子。

4. 對於反鍵軌域，也有參考文獻稱為 2σ 軌域或者是 $2\sigma^*$ 軌域。

5. 反鍵軌域主要是因為電子在核間區發生互相排斥，接著電子把原子核給往外拉，導致兩原子具有被分離或分開的傾向，所以這也是為什麼對反鍵軌域來說，鍵的強度會減少的原因。

✍ 本文參考與圖片引用出處：

- https://zh.wikipedia.org/wiki/%E5%85%B1%E4%BB%B7%E9%94%AE

- https://zh.wikipedia.org/wiki/%E6%B0%AB%E6%B0%A3

- https://zh.wikipedia.org/wiki/%E6%88%90%E9%94%AE%E8%BD%A8%E9%81%93

- https://zh.wikipedia.org/wiki/%E5%8F%8D%E9%94%AE%E8%BD%A8%E9%81%933

7.11 化學鍵的基本意義與種類

化學鍵（Chemical Bond）是一種粒子與粒子之間的結合情況，在此請各位注意一點，在上述的定義當中，所謂的粒子可以是原子又或者是離子。

好了，在了解了化學鍵的基本意義之後，接下來我們要來看的是化學鍵的種類，化學鍵的種類原則上有三種，情況如下所示：

1. 離子鍵（Ionic Bonding）
2. 共價鍵（Covalent Bond）
3. 金屬鍵（Metallic Bonding）

以上，就是化學鍵的基本意義與種類。

其實化學鍵的詳細情況還很複雜，不過沒關係，我們在此只要大概知道這樣就可以了，因為從下一節開始，我們會陸續地介紹化學鍵的種類與狀況。

7.12　離子鍵的基本概念

所謂的離子鍵，指的是原子藉由失去或者是得到電子而形成離子之後，與帶相反電荷的離子之間所形成的靜電吸引力我們就稱為離子鍵，這樣講太抽象了，讓我們來實際看個例子。

假設現在有一個**鈉原子（Na）**以及一個**氟原子（F）**：

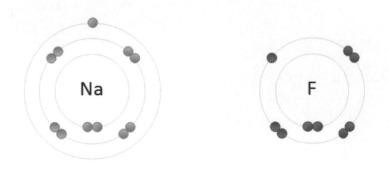

(上圖均引用自維基百科)

鈉原子（Na）失去一個電子，而失去的這個電子準備跑到**氟原子（F）**那裡去：

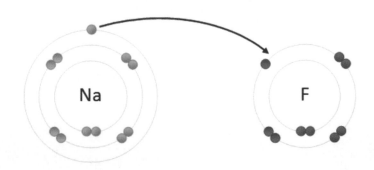

此時，從鈉原子（Na）當中所失去的這一顆電子已經跑到氟原子
（F）那裡去了：

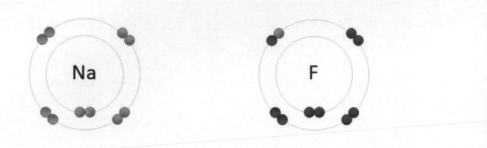

這時候，鈉原子（Na）帶正電成鈉離子，而氟原子（F）帶負電成氟
離子：

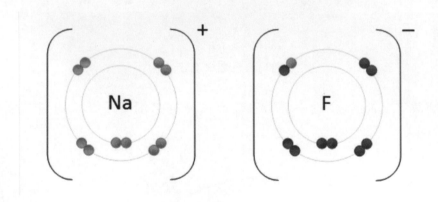

由於正負電相吸，所以這時候鈉離子（+）與氟離子（-）兩者之間會
互相吸引：

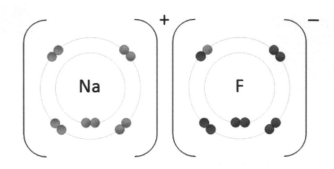

最後結合成氟化鈉（Sodium Fluoride，化學式為 NaF）這種離子化合物：

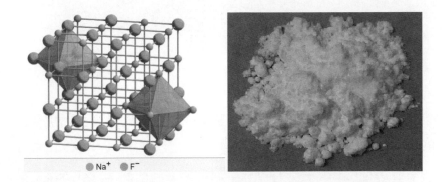

像這樣，驅使鈉離子與氟離子兩者之間互相吸引的力，我們就稱為離子鍵。

📝 本文參考與圖片引用出處：

- https://en.wikipedia.org/wiki/Ionic_bonding

- https://zh.wikipedia.org/wiki/%E6%B0%9F%E5%8C%96%E9%88 %89

- https://de.wikipedia.org/wiki/Natriumfluorid

7.13 共價鍵的基本概念

所謂的共價鍵（Covalent Bond），指的是兩個或者是多個非金屬原子一起共用最外層的電子所形成的鍵結就稱為共價鍵，由於共價鍵的基本概念我們已經講過了，所以在此我們來看一些關於共價鍵的其他例子。

當共價鍵形成之後，共用電子則是會受到原子核的吸引，如下圖中的四條綠線所示：

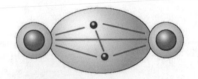

(此圖引用自維基百科)

以及，電子與電子之間，原子核與原子核之間則是會互相排斥，如上圖中的兩條紅線所示。

關於共價鍵讓我們再來看另外一個例子，這個例子是氧分子，由於氧原子的外層有六顆電子，而在這六顆電子當中，有四顆電子組成兩對電子，其它的兩顆電子則是單獨存在，圖示如下所示：

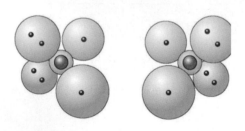

(此圖引用自維基百科)

　　接著，這兩顆氧原子外的兩顆電子會結合成兩對新的共用電子對，這樣一來，整個電子便呈現飽和狀態，而形成所謂的氧分子，圖示如下所示：

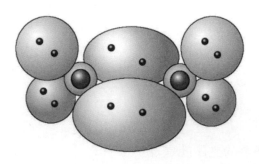

(此圖引用自維基百科)

📝 本文參考與圖片引用出處：

- https://zh.wikipedia.org/wiki/%E5%85%B1%E4%BB%B7%E9%94%AE

7.14 共價鍵-σ鍵的基本概念

從上一節的內容當中我們知道,所謂的共價鍵指的就是電子雲的重疊部分,然而就目前已知電子雲的重疊模式有三種,因此這三種各自形成不同的共價鍵,以下就是:

1. σ 鍵
2. π 鍵
3. δ 鍵

而本節要來講解的主題就是 σ 鍵。

所謂的 σ 鍵,指的是由兩個相同或者是不相同的原子軌域,沿著軌域對稱軸的方向來相互重疊而形成的共價鍵就稱為 σ 鍵(此定義修改自維基百科),在化學當中,單鍵就是 σ 鍵,例如 C-H 就是一個例子,這樣講太抽象了,讓我們來看圖:

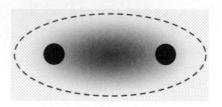

▲ 兩個原子間 σ 鍵電子雲 (此圖引用自維基百科)

✏️ 本文參考與圖片引用出處:

- https://zh.wikipedia.org/wiki/%CE%A3%E9%8D%B5

7.15　共價鍵 - π 鍵的基本概念

　　所謂的 π 鍵，指的是當兩個電子軌域的突出部分發生重疊之時所產生的鍵結我們就稱為 π 鍵（修改自維基百科），讓我們來看個例子：

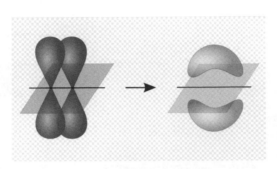

(此圖引用自維基百科)

　　在上圖當中，左圖是由兩個 p 軌域形成一個右圖的 π 鍵，像這個就是 π 鍵形成的一個例子。

　　最後補充一點，在化學裡頭，所謂的雙鍵就是含一根 σ 鍵與一根 π 鍵的共價鍵，例如 C=C 就是一個例子，至於三鍵就是含一根 σ 鍵與兩根 π 鍵的共價鍵，例如 N≡N 就是一個例子。

　　本文參考與圖片引用出處：

* https://zh.wikipedia.org/wiki/%CE%A0%E9%94%AE

7.16 共價鍵 - δ 鍵的基本概念

所謂的 δ 鍵，指的是由兩個 d 軌域四重交疊而成的共價鍵（修改自維基百科），讓我們來看個例子：

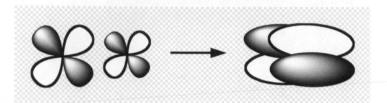

(此圖引用自維基百科)

在上圖當中，左圖是由兩個 d 軌域形成一個右圖的 δ 鍵，像這個就是 δ 鍵形成的一個例子。

✎ 本文參考與圖片引用出處：

- https://zh.wikipedia.org/wiki/%CE%94%E9%94%AE

7.17　共價鍵-極性共價鍵與非極性共價鍵的基本概念

對一個共價鍵而言，如果：

1. 電荷分佈不均勻的話，則此共價鍵就稱為極性共價鍵，例如下圖當中的一氧化碳（極性分子）就是一個例子：

(此圖引用自維基百科)

2. 電荷分佈均勻的話，則此共價鍵就稱為非極性共價鍵，例如下圖當中的氧氣（非極性分子）就是一個例子：

(此圖引用自維基百科)

📝 本文參考與圖片引用出處：

- https://zh.wikipedia.org/wiki/%E4%B8%80%E6%B0%A7%E5%8C%96%E7%A2%B3

- https://zh.wikipedia.org/wiki/%E6%B0%A7%E6%B0%94

7.18 金屬鍵的基本概念

所謂的金屬鍵,指的是游離電子與金屬離子之間的靜電吸引力就稱為金屬鍵,讓我們來看個例子:

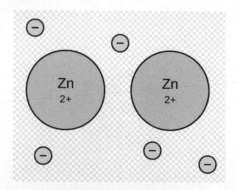

(此圖引用自維基百科)

上圖是一張在金屬鋅當中所存在的金屬鍵示意圖。

本文參考與圖片引用出處:

* https://zh.wikipedia.org/wiki/%E9%87%91%E5%B1%9E%E9%94
  %AE

7.19 σ 軌域

在前面,我們已經講解過了 σ 軌域,不過在此我們要來對 σ 軌域做個簡單的補充。

σ 軌域(σ Orbital、Sigma Orbital)是形成 σ 鍵(單鍵)之後所產生的一種分子軌域,其特徵是由軌域端點對軌域端點重疊而成的新軌域,而這種情況有兩種,分別是:

1. s 軌域重疊(例如 H_2)
2. p 軌域重疊(例如 F_2)

讓我們來看圖:

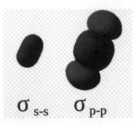

$\sigma_{s\text{-}s}$ $\sigma_{p\text{-}p}$

(此圖引用自維基百科)

在上圖當中:

■ 左圖: σ_{1s} 軌域的立體模型。
■ 右圖: σ_{2p} 軌域的立體模型。

其中 σ_{1s} 軌域表示由原子的 $1s$ 軌域鍵結所形成,同理類推到 σ_{2p} 。

結構上來說, σ 軌域是兩個原子的 s 軌域或者是兩個原子的 p_z 軌域相互作用之後所產生的結果,對 σ 軌域來說,如果 σ 軌域相對於連接兩個原子核的核中心,則核間軸的軸線呈現對稱。

最後，σ 軌域的反鍵軌域是 σ^* 軌域。

✒️ 本文參考與圖片引用出處：

- https://zh.wikipedia.org/wiki/%CE%A3%E8%BB%8C%E5%9F%9F

7.20 π 軌域

π 軌域（ π Orbital）是形成 π 鍵之後所產生的一種分子軌域，其特徵是由軌域並肩重疊而成的新軌域，例如下面的乙烯與苯環：

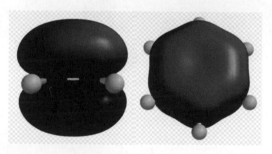

(此圖引用自維基百科)

在上圖當中：

- 左圖：乙烯的 π 軌域模型。
- 右圖：苯環的 π 軌域模型，注意，苯環的 π 軌域呈現環狀，且中心仍有電子分佈。

結構上來說，π 軌域的形成主要有下列兩種，分別是：

1. 由兩個 p_z 軌域所形成。

2. 形成化學鍵之時,沒有參與混成作用的軌域也有可能形成 π 軌域。

關於第一點,p_x 軌域或者是 p_y 軌域也可以形成 π 軌域,前提是方向正確即可,以及 s 軌域不能形成 π 軌域;至於第二點,例如以乙烯來說,碳原子藉由混成作用形成了 sp^2 混成軌域,至於沒參與混成作用的 p 軌域則是可以形成 π 軌域。

π 軌域的形狀不定,且形狀與可放入的電子數量皆由 π 鍵來決定,以及共振在此也扮演一個很重要的關鍵角色,這主要是因為共振會使得電子可以均勻分布,讓我們在此繼續以乙烯和苯環為例:

1. 乙烯:形成的 π 軌域可放入 2 顆電子。

2. 苯環:形成的 π 軌域可放入 6 顆電子。

最後,π 軌域的反鍵軌域是 π^* 軌域。

本文參考與圖片引用出處:

* https://zh.wikipedia.org/wiki/%CE%A0%E8%BB%8C%E5%9F%9F

7.21 δ 軌域

δ 軌域（δ Orbital、Delta Orbital）是形成 δ 鍵之後所產生的一種分子軌域，其特徵是由 d 軌域四重交疊（或者說是由軌域面對面重疊之後）而成的新軌域，讓我們來看圖：

(此圖引用自維基百科)

在上圖當中：

- 左圖：δ 軌域的電子出現機率形象圖。
- 右圖：δ 軌域的波節出現在兩個原子中間。

結構上來說，δ 軌域的形成主要是由兩原子的 d_{xy} 軌域或者是 $d_{x^2-y^2}$ 軌域發生交互作用所形成，由於這種分子軌域涉及到能量較低的 d 軌域，所以這類物質被歸類為過渡金屬錯合物，目前由釕、鉬和錸所形成的化合物當中都可以發現到 δ 軌域。

📝 本文參考與圖片引用出處：

- https://zh.wikipedia.org/wiki/%CE%94%E8%BB%8C%E5%9F%9F

7.22 φ軌域

在講解 φ 軌域的基本概念之前,讓我們先來介紹 φ 鍵的基本概念,所謂的 φ 鍵是由兩個 f 軌域六重交疊而成,整個電子雲會直接以面對面的形式疊加而成,情況如下圖所示:

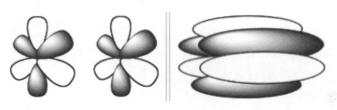

(此圖引用自維基百科)

在上圖當中,原子的 f 軌域恰當地對齊,並藉由重疊而形成 φ 鍵,2005 年,化學家聲稱已發現到 φ 鍵存在於雙鈾分子(U_2)的鈾-鈾單鍵當中(本段描述引用自維基百科)。

有了 φ 鍵的基本概念之後,接下來我們就可以來講解 φ 軌域,所謂的 φ 軌域(φ Orbital、Phi Orbital)是形成 φ 鍵之後所產生的一種分子軌域,其特徵是由 f 軌域六重交疊而成的新軌域,讓我們來看圖:

(此圖引用自維基百科)

上圖是 φ 軌域的電子出現機率形象圖,以及就結構上來說,φ 軌域在兩個原子的中間會出現波節。

本文參考與圖片引用出處：

* https://zh.wikipedia.org/wiki/%CE%A6%E8%BB%8C%E5%9F%9F

7.23 氧氣分子的電子組態

在了解這個主題之前，讓我們以氧氣分子（O_2）為例，來看看氧氣分子的電子組態（下圖引用自維基百科）：

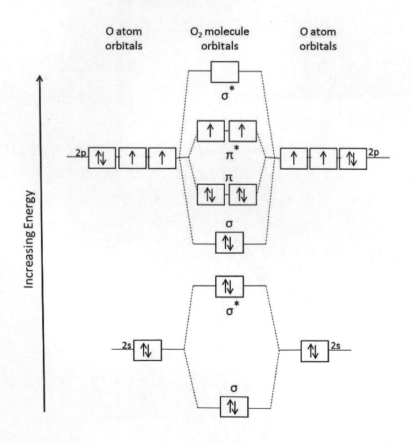

現在，讓我們來解釋上圖。

一個氧原子 O（電子組態是 $[He]2s^2 2p^4$）本身具有 8 顆電子，而氧氣分子 O_2 是由兩個氧原子所組成，根據前面的教學，當兩個氧原子結合之時，成鍵軌域與反鍵軌域也會跟著形成，其中最重要的部分是上圖中的 $2p$，那裡有 6 個能階不同的分子軌域，讓我們用個表來解說：

名稱	軌域
成鍵軌域	σ_p、π_x、π_y
反鍵軌域	σ_p^*、π_x^*、π_y^*

在上表當中，兩個 π 軌域的能量與兩個 π^* 軌域的能量一樣。

有了上面的基本概念之後，接下來就是把電子給填入分子軌域當中，方法還是一樣，我們還是先從能量較低的分子軌域來開始填起，一路填到高能量的分子軌域。

請各位現在看 $2p$ 的地方，由於 $2p$ 有 8 顆電子，在這 8 顆電子當中，先把其中的 2 顆電子給填入 σ_p，接著往上填，把 4 顆電子填入兩個 π 軌域當中（注意電子自旋方向），填完之後，剩下最後 2 顆電子，而這 2 顆電子則是填入兩個 π^* 軌域當中（注意電子自旋方向，2 顆電子的自旋方向都是 ↑）。

📝 本文參考與圖片引用出處：

- https://zh.wikipedia.org/zh-tw/%E6%B0%A7%E6%B0%94

7.24 鍵級

鍵級（Bond Order）指的是成鍵軌域中的電子數與反鍵軌域中的電子數，兩者差的一半，又被稱為鍵序，讓我們用數學式子來表示：

$$b = \frac{n - n'}{2}$$

其中：

b：鍵級。

n：成鍵軌域中的電子數。

n'：反鍵軌域中的電子數。

從上面的式子當中我們可以知道，若：

1. 成鍵軌域當中的電子增加一對，則鍵級加 1。

2. 反鍵軌域當中的電子增加一對，則鍵級減 1。

在此，讓我們來看看常見分子的鍵級：

1. H_2：2 個成鍵電子，所以鍵級就是 1（類似的情況還有 HF）。

2. He_2：2 個成鍵電子以及 2 個反鍵電子，所以鍵級就是 0，因此無法成鍵。

3. N_2：8 個成鍵電子以及 2 個反鍵電子，所以鍵級就是 3（類似的情況還有 CO）。

4. O_2：8 個成鍵電子以及 4 個反鍵電子，所以鍵級就是 2。

以上的鍵級都是整數，也有帶小數的鍵級，例如 O_3 的鍵級就是 1.5。

本文參考與圖片引用出處：

• https://zh.wikipedia.org/wiki/%E9%94%AE%E7%BA%A7

7.25 順磁性與反磁性概說

在材料科學與工程的領域當中，有些材料在受到外部磁場的作用之下，可以產生與外部磁場同方向的磁化向量（單位體積的磁矩，而所謂的磁矩簡單來說就是磁鐵所受到的力矩），而這就是所謂的順磁性（Paramagnetism），這樣講太抽象了，讓我們來看圖：

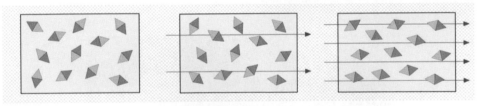

(此圖引用自維基百科，並由作者修改)

在上圖當中：

▪ 左圖：在沒外部磁場作用之下的順磁性物質。

▪ 中圖：在外部弱磁場作用之下的順磁性物質。

▪ 右圖：在外部強磁場作用之下的順磁性物質。

在此，讓我們來看個順磁性的實際範例：

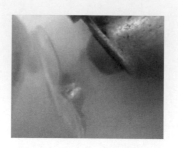

(此圖引用自維基百科)

　　上圖是一張氧氣因為順磁性而暫時地被包在磁極之間的圖片（原文說明請看註解[1]）。

　　了解了順磁性的基本概念之後，接下來就讓我們一起來看看反磁性，所謂的反磁性（Diamagnetism）是指當物質處在外部磁場的作用下之時，會對磁場產生微弱的排斥力，而這性質與順磁性相反，因此又被稱為抗磁性，在此，讓我們來看個反磁性的實際範例：

(此圖引用自維基百科，並由作者修改)

　　上圖是一張因反磁性而產生了磁浮的熱解碳（Pyrolytic Carbon）

---

[1] When liquid oxygen is poured from a beaker into a strong magnet, the oxygen is temporarily contained between the magnetic poles owing to its paramagnetism.

最後，讓我們來回顧一下 O_2 的電子組態：

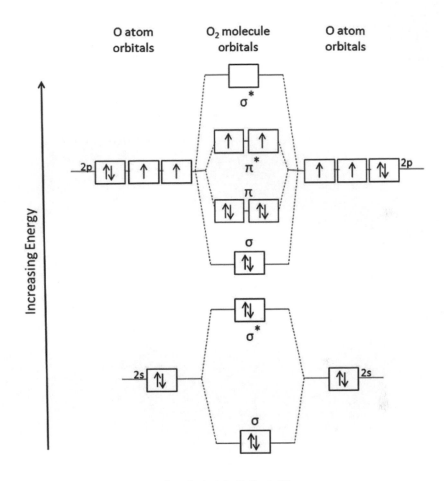

(此圖引用自維基百科)

但各位發現到了沒有？在 π^* 軌域當中的兩顆電子的自旋方向都為 ↑↑，而這就導致了 O_2 本身帶有磁效應，也就是會被磁場給吸引，因此，O_2 是順磁性物質。

本文參考與圖片引用出處:

- https://en.wikipedia.org/wiki/Oxygen

- https://zh.wikipedia.org/wiki/%E9%A0%86%E7%A3%81%E6%80%A7

- https://en.wikipedia.org/wiki/Paramagnetism

晶體科學概說

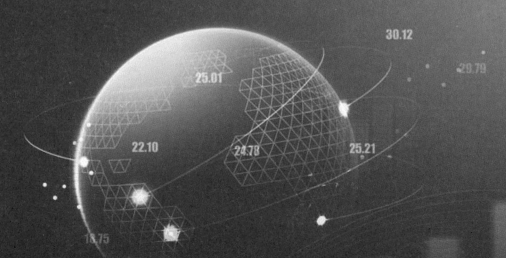

8.1 晶胞概說

樂高積木大家都有玩過：

(此圖引用自維基百科)

　　上圖左是樂高積木的每一個零件，當把這些零件透過適當地組合之後，便可以形成各種各式各樣的模型成品，例如上圖右的香港地鐵站就是一個很好的例子。

　　類似的情況還有黑糖，例如下圖當中由單一塊黑糖磚所組成的一大片黑糖牆：

(此圖引用自維基百科)

　　樂高積木跟上面的黑糖都有個共通點，那就是透過一個基本單元來組成某個東西，而這之間的差別只在於，樂高積木的模型成品是由基本單元不規則的零件所組成，至於黑糖牆則是由基本單元規則的黑糖磚所組成。

　　了解了上面的概念之後，接下來讓我們回到晶體材料。

　　在晶體材料當中，晶胞（Unit Cell）是原子會以特定的形狀排列於特定的位置上，為晶體最小並且具有重複性的基本單元，所以又被稱為單位晶胞、單位晶格、單胞…等等，目前沒有一個統一的翻譯名詞，相當於樂高零件或者是黑糖磚，範例圖示如下所示：

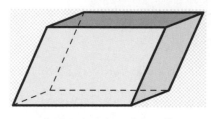

（此圖引用自維基百科）

　　回到半導體，半導體材料矽晶胞的情況則是如下圖所示（**下圖左原文解說為**Silicon crystallizes in a diamond cubic crystal structure by forming sp^3 hybrid orbitals）：

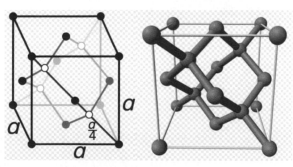

（此圖引用自維基百科）

半導體材料砷化鎵晶胞的情況則是如下圖所示：

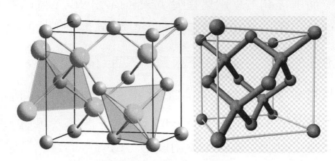

(此圖引用自維基百科)

📝 本文參考與圖片引用出處：

- https://zh.wikipedia.org/wiki/%E6%A8%82%E9%AB%98
- https://zh.wikipedia.org/wiki/%E9%A3%9F%E7%B3%96
- https://en.wikipedia.org/wiki/Unit_cell
- https://en.wikipedia.org/wiki/Silicon
- https://de.wikipedia.org/wiki/Galliumarsenid
- https://zh.wikipedia.org/wiki/%E7%A0%B7%E5%8C%96%E9%8E%B5

8.2 單晶、多晶與非晶概說

在日常生活當中，我們所碰到的材料，其結晶情況至少有三種，分別是（以下定義引用自維基百科，並由作者修改）：

- 單晶（Single Crystal）：微粒有規律地排列在一個空間格子內的晶體。
- 多晶（Polycrystalline）：固體由多顆大小及方向各異的晶粒所構成，而這些晶粒一般都由大量微小的單晶所組成。
- 非晶（Amorphous）：原子不按照一定空間順序排列的固體。

圖示如下所示：

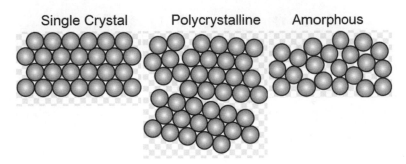

（此圖引用自維基百科）

在上圖當中，每一顆球代表原子或分子。

本文參考與圖片引用出處：

- https://zh.wikipedia.org/zh-tw/%E6%99%B6%E7%B2%92

- https://zh.wikipedia.org/wiki/%E5%8D%95%E6%99%B6

- https://zh.wikipedia.org/wiki/%E5%A4%9A%E7%B5%90%E6%99%B6

- https://zh.wikipedia.org/wiki/%E6%97%A0%E5%AE%9A%E5%BD%A2%E4%BD%93

8.3 空間晶格-晶胞概說

假設現在有一個二維晶格點陣列：

在上圖當中，每一個點代表原子群，同時也稱為晶格點，由於單晶結構固定，所以我們可以任取某一方向上的距離，與另一方向上的距離，並藉此平移而得到一個二維晶胞，圖示如下所示：

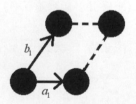

在上圖當中，線條有 a_1 與 b_1，且兩者皆以實線來表示，當這兩條實線經平移之後（平移之後的線條以虛線來表示），就會得到一個二維晶胞，情況如上圖所示。

晶胞在選取上不一定只能有一種形狀，可以有多種取法，以下皆是：

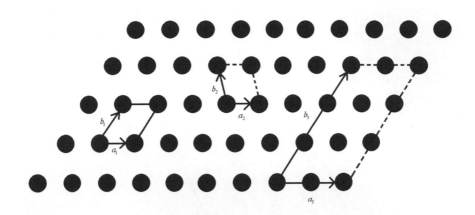

在上圖當中，a_2 與 b_2 以及 a_3 與 b_3 等都可以藉由平移而得到一個二維晶胞。

當點與線選定好之後，只要沿著線的方向來平移，如此便可以得到整個二維晶格，例如說，選定好 a_2 與 b_2 之後，只要沿著 a_2 與 b_2 的方向來平移，如此一來，便可以得到整個二維晶格，選用其他晶胞的情況也是以一樣的方式來建構出整個二維晶格。

以上討論的對象，都是二維晶胞，其實晶胞也可以討論到三維，至於原理則是一樣，以及，在同一個晶體當中，對於晶胞的選擇則是沒有一定，至於選擇哪一種晶胞，原則上以簡單方便為原則。

8.4 空間晶格-基本胞概說

基本胞（Primitive Cell）是尺寸最小的一種晶胞，範例如下所示：

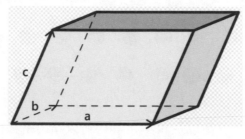

(此圖引用自維基百科)

在上圖當中，我們可用向量 $\bar{a}$、$\bar{b}$ 與 $\bar{c}$ 來表示晶胞：

$$\bar{r} = p\bar{a} + q\bar{b} + s\bar{c}$$ （其中，p、q 與 s 均屬於整數）

而為了方便起見，我們可以對 p、q 與 s 取正整數。

在上面的描述當中 $\bar{a}$、$\bar{b}$ 與 $\bar{c}$ 的量值為晶胞的晶格常數，最後注意一點，$\bar{a}$、$\bar{b}$ 與 $\bar{c}$ 這三向量不一定要垂直或大小相等。

✏️ 本文參考與圖片引用出處：

• https://en.wikipedia.org/wiki/Unit_cell#Primitive_cell

8.5 立方晶系概說

　　立方晶系（Cubic Crystal System）也稱為等軸晶系（Isometric Crystal System），有三種型式，分別是簡單立方（Simple Cubic，簡稱為 SC）、體心立方（Body-Centered Cubic，簡稱為 BCC）以及面心立方（Face-Centered Cubic，簡稱為 FCC）等三種，圖示如下所示：

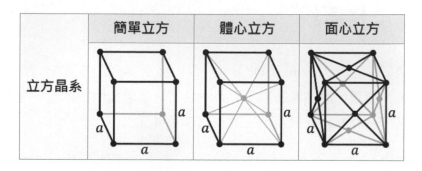

（此圖引用自維基百科）

　　在立方晶系當中，向量 $\bar{a}$、$\bar{b}$ 與 $\bar{c}$ 大小相等且互相垂直，但因為構造上的不同而有簡單立方、體心立方與面心立方等三種類型，現在，就讓我們一起來看看這三者的簡介與差異：

- 簡單立方：每一個晶格點都位於晶胞的每個角落。
- 體心立方：基本結構與簡單立方相同，只是空間的中心處還有晶格點。
- 面心立方：基本結構與簡單立方相同，只是各面的中心處還有晶格點。

📝 本文參考與圖片引用出處:

- https://zh.wikipedia.org/wiki/%E7%AB%8B%E6%96%B9%E6%99
  %B6%E7%B3%BB

8.6 晶格概說

了解了晶胞（Unit Cell）之後，接下來我們要來了解晶格
（Lattice），那什麼是晶格呢？所謂的晶格，是以晶胞為單位，進而組成
的一種架構，這樣講太抽象了，讓我們來看看下圖：

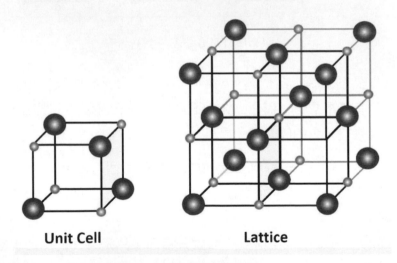

Unit Cell   **Lattice**

(此圖引用自網路)

在上圖當中，左邊是晶胞，而右邊則是晶格，所以晶胞組成晶格。

📝 本文參考與圖片引用出處：

- https://www.zhihu.com/question/51473186?utm_id=0

8.7　晶體方向概說

在學習晶體方向的求法之前，各位必須得先了解向量，而有了向量的基礎知識之後，接下來就讓我們一起來看看晶體方向的求法：

1. 建立一套 xyz 的座標系統，並把晶胞給套在這個座標系統之上。
2. 找出由兩點座標所形成的向量。
3. 找出向量的頭尾點座標，例如尾部座標點為 (x_1, y_1, z_1)，而頭部座標點為 (x_2, y_2, z_2)。
4. 向量頭部座標減去向量尾部座標，也就是 $x_2 - x_1, y_2 - y_1, z_2 - z_1$。
5. 把結果分別除以 a、b 與 c 等晶格常數，也就是：

$$\frac{x_2 - x_1}{a} \quad \frac{y_2 - y_1}{b} \quad \frac{z_2 - z_1}{c}$$

在此我們假設 $\bar{a}$ 的量值為 a，餘下類推。

6. 必要時，第五步驟的三個數字可乘上或除上一個共同因子，並簡化為最小整數。
7. 最後得到的三個最小整數即是結晶方向，其表示法為 $[uvw]$。

在此我們舉一個晶體方向的例子，例如下面的（100）面與 $[100]$ 方向，注意箭頭：

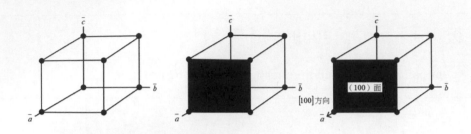

8.8 米勒指數與晶面概說

在前面，我們用向量 $\bar{a}$、$\bar{b}$ 與 $\bar{c}$ 來表示晶胞：

$$\bar{r} = p\bar{a} + q\bar{b} + s\bar{c} \text{（其中，} p \text{、} q \text{與} s \text{均屬於整數）}$$

以及對 p、q 與 s 取正整數。

現在，假設有一個座標系統，且這系統上有三向量的軸，情況如下圖左所示：

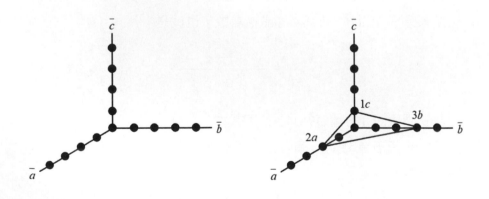

現在，我們要來求米勒指數與晶面。

假設有一個由截距分別是 $2a$、$3b$ 以及 $1c$ 所組成的晶面，情況如圖右所示，這時候，我們要來求出由這三個截距所組成的米勒指數與晶面，其步驟如下：

1. 求出 p、q 與 s，由於截距分別是 $2a$、$3b$ 以及 $1c$，因此 $p=2$、$q=3$ 與 $s=1$。

2. 把上面的結果寫成（2,3,1）。

3. 對（2,3,1）取倒數，得到（$\frac{1}{2},\frac{1}{3},1$）。

4. 將分數乘以分母的最小公倍數 6，得到（3,2,6）。

5. 所以米勒指數就是（3,2,6），至於晶面則是（326）面。

在很多時候，我們會遇到無窮大的情況，例如說 $p=1$、$q=s=\infty$，於是我們得到（$\frac{1}{1},\frac{1}{\infty},\frac{1}{\infty}$），所以米勒指數就是（1,0,0），至於晶面則是（100）面，圖示如下所示：

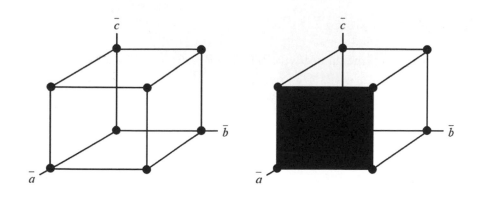

像這種情況表示平面平行於 $\bar{b}$ 軸與 $\bar{c}$ 軸，而其他類似的情況還有很多，讓我們來看下圖：

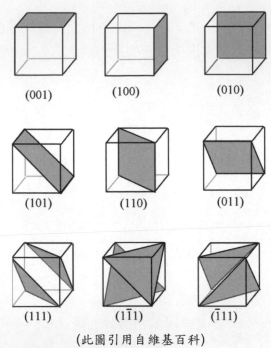

(001)　　(100)　　(010)

(101)　　(110)　　(011)

(111)　　(1$\bar{1}$1)　　($\bar{1}$11)

(此圖引用自維基百科)

✎ 本文參考與圖片引用出處：

* https://zh.wikipedia.org/wiki/%E5%AF%86%E5%8B%92%E6%8C
  %87%E6%95%B0

8.9 晶體概說

　　晶體是一種當原子、離子或分子在結晶的時候，以一定的周期於空間中形成具有規則性的固體，例如下圖左的石英晶體與下圖右的胰島素晶體就是晶體的兩個例子：

(此圖引用自維基百科)

> ✎ 本文參考與圖片引用出處：
>
> * https://zh.wikipedia.org/zh-tw/%E6%99%B6%E4%BD%93

8.10 晶粒與晶界概說

　　所謂的晶粒（Cystallite、Crystal Grain）指的是微小的晶體，如下圖中的不規則形狀，圖示如下所示：

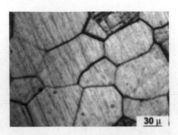

(此圖引用自維基百科)

　　其中，晶界或者稱為晶粒邊界（Grain Boundary）指的是晶粒與晶粒之間的接合處，各位可以看到，圖中的晶界非常明顯。

✍ 本文參考與圖片引用出處：

* https://zh.wikipedia.org/zh-tw/%E6%99%B6%E7%B2%92

半導體材料概說

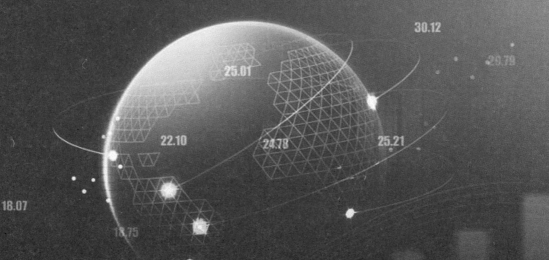

9.1 引言

在前面，我們已經對半導體都有了個基本認識，而大家也知道，半導體材料在整個半導體當中所扮演的重要角色，因此，本章就要來簡單地探討半導體材料的基本概念。

原則上，半導體材料有如下的分類：

1. 元素型半導體材料
2. 化合物型半導體材料
3. 合金型半導體材料

以上只是個大致分類而已，如果未來的技術有更新發展致使讓半導體材料有更多分類的話，屆時就以未來的分類為主。

9.2 能帶結構概說

再繼續下去之前，讓我們先來看一個很重要的基本概念-能帶結構（Electronic Band Structure），那什麼是能帶結構？能帶結構是描述允許或者是禁止電子本身所帶有的能量，主要是用來解釋材料本身的導電原理，讓我們來看下圖：

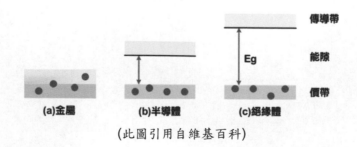

(此圖引用自維基百科)

　　在上圖當中有三種不同的材料，分別是金屬、半導體與絕緣體，而每一種材料都有價帶與傳導帶，至於能隙的部分，金屬沒有能隙。

　　上圖看起來好像很複雜，讓我們來比喻一個例子，各位應該都聽過「鯉魚躍龍門」這句話，「鯉魚躍龍門」這句話的意思是說，正在黃河游泳的鯉魚，只要一躍過龍門（龍門是個峽谷）之後，鯉魚就會瞬間變化成龍。

　　好了！了解了「鯉魚躍龍門」這句話之後，接下來就讓我們回到能帶結構：

故事名詞	半導體名詞
鯉魚	電子
黃河	價帶
龍門	能隙
鯉魚跳過龍門之後的所在位置	傳導帶

　　有了上面的比喻之後，接下來，我們就要來看看上面的比喻與材料之間的關係。

- 金屬：價帶與傳導帶之間沒有能隙，所以電子可以順利地從價帶移動到傳導帶，相當於鯉魚要從黃河跳躍之時，沒有龍門，也就是沒有障礙。
- 絕緣體：價帶與傳導帶之間的能隙很大，所以電子無法順利地從價帶移動到傳導帶，相當於鯉魚要從黃河跳躍之時，龍門過大，鯉魚怎麼樣也跳不過龍門。
- 半導體：情況介於金屬與絕緣體的中間。

能帶結構非常重要，正是因為有了能帶結構之後，才給半導體材料下一個很重要的根本基礎。

📝 本文參考與圖片引用出處：

- https://zh.wikipedia.org/wiki/%E8%83%BD%E5%B8%A6%E7%BB %93%E6%9E%84

9.3 元素週期表當中的半導體材料

在講解半導體材料之前，讓我們先回到元素週期表：

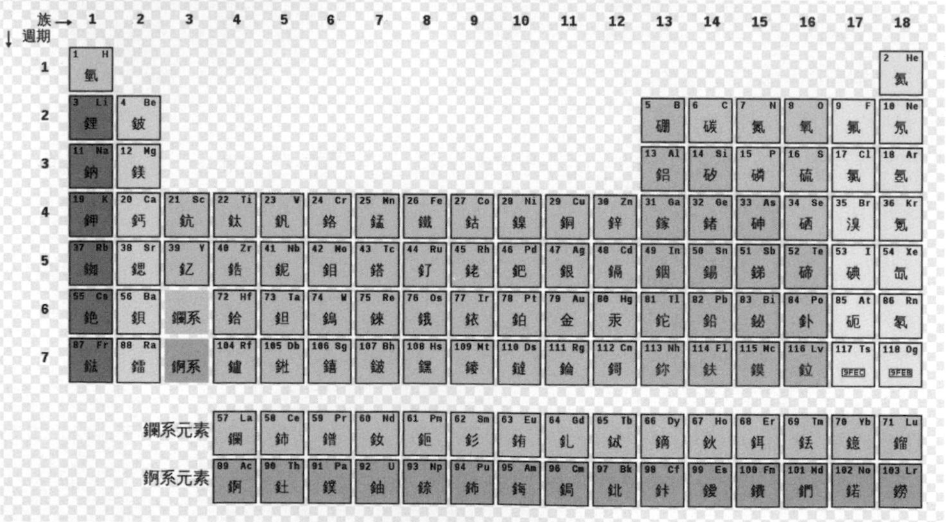

(此圖引用自維基百科)

在上圖的元素週期表當中，具有半導體性質的元素一共有 12 個：

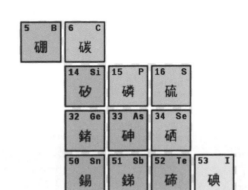

而在目前的半導體工業當中，最常用的半導體材料就是矽、鍺以及硒，至於其他元素則是鮮少出現在半導體工業上，而我們的介紹就是要從這裡來開始。

本文參考與圖片引用出處：

* https://zh.wikipedia.org/wiki/%E5%85%83%E7%B4%A0%E5%91
%A8%E6%9C%9F%E8%A1%A8

9.4　元素型半導體材料-鍺的簡介

在半導體工業（或稱為電子工業）的早期發展（約 1940 年代左右）當中，鍺在當時一直被當成最重要的半導體材料，所以在本節，我們要來稍微地簡介一下鍺以及鍺在最近半導體工業上的應用。

首先，讓我們先來看看鍺的小檔案：

中文名稱	鍺
英文名稱	Germanium
化學符號	Ge
原子序	32
原子量	72.63 u
電子組態 1	[Ar] 3d^{10} 4s^2 4p^2
電子組態 2	2、8、18、4
外觀	灰白色
化學元素分類	類金屬（性質介於金屬與非金屬之間）
光澤	有
質地	硬
元素週期表上的類別	碳族元素（第 14 族也就是 IV A 族）
同位素	5 種
物質狀態	固態

鍺的圖示如下所示（左圖為鍺的樣品，而右圖則是為鍺的電子組態）：

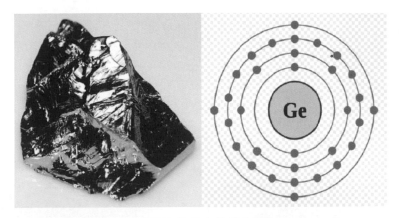

(此圖均引用自維基百科)

　　在半導體工業發展的早期，那時候的半導體主流材料可不是現在的矽，而是鍺，但由於使用鍺所製作出來的電晶體在熱穩定性方面較差，所以鍺在 1960~1970 年代左右，就已經逐漸地被矽所取代，直到 1980 年代左右，鍺幾乎被矽所取代，進而淡出整個半導體工業。

　　各位也許會問，那事情就這樣結束了嗎？其實沒有，在 1989 年之時，IBM 在半導體工業當中導入了矽鍺合金的相關技術，而此時的鍺就從幾乎已經被淘汰出局的局面當中再度地復活過來，由於這部分的內容屬於合金型半導體材料，所以等我們講到合金型半導體材料之時，再來提及這方面的相關基本知識。

📝 本文參考與圖片引用出處：

* https://zh.wikipedia.org/wiki/%E9%94%97

9.5 元素型半導體材料-矽的簡介

前面我們說過，鍺在 1980 年代左右幾乎全被矽所取代，進而淡出整個半導體工業，從此開始，整個半導體工業幾乎可以說是矽的天下，所以，本節就要來看看矽這個元素的基本介紹，還是一樣，讓我們先來看看矽的小檔案：

中文名稱	矽
英文名稱	Silicon
化學符號	Si
原子序	14
原子量	28.085 u
電子組態 1	[Ne] $3s^2\ 3p^2$
電子組態 2	2、8、4
外觀	灰藍色
化學元素分類	類金屬半導體
光澤	有
質地	堅硬易碎
元素週期表上的類別	第 14 族元素
同位素	12 種
物質狀態	固體

矽的圖示如下所示（左圖為矽的樣品，而右圖則是為矽的電子組態）：

(此圖均引用自維基百科)

矽之所以能夠取代鍺，最主要的因素就是鍺在熱穩定性方面較差，其實，矽之所以能夠取代鍺還有一些因素在，讓我們來看看下表：

材料	矽	鍺
能隙	1.12eV	0.68eV
氧化物	二氧化矽（SiO_2）	二氧化鍺（GeO_2）
氧化物狀況	穩定	不穩定

氧化物在半導體製程當中扮演著非常重要的角色，正由於矽可以提供穩定的氧化物，所以進一步來說，這也是矽取代鍺的關鍵因素之一，而成為整個半導體工業的關鍵主流材料。

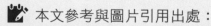 本文參考與圖片引用出處：

- https://zh.wikipedia.org/wiki/%E7%A1%85

9.6 化合物型半導體材料簡介

化合物型半導體材料是指，半導體材料以化合物的型態出現，所以有無機半導體材料與有機半導體材料兩種，目前市面上主流的化合物型半導體材料大多是以無機半導體材料為主，有機半導體材料比較少，所以本節只探討無機半導體材料。

根據化合物型半導體材料當中的組成元素數量，大致上可以分成二元化合物半導體材料以及多元化合物半導體材料兩種，所以首先讓我們來看看二元化合物半導體材料。

二元化合物半導體材料一共有六種型態，分別是：

1. 第 13 族（ⅢA 族）元素「硼（B）、鋁（Al）、鎵（Ga）、銦（In）」配上第 15 族（ⅤA 族）元素「氮（N）、磷（P）、砷（As）、銻（Sb）」：

2. 第 12 族（ⅡB 族）元素「鋅（Zn）、鎘（Cd）、汞（Hg）」配
   上第 16 族（ⅥA 族）元素「硫（S）、硒（Se）、碲（Te）」：

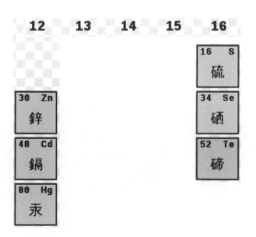

3. 第 14 族（ⅣA 族）元素「鍺（Ge）、錫（Sn）、鉛（Pb）」配
   上第 16 族（ⅥA 族）元素「硫（S）、硒（Se）、碲（Te）」：

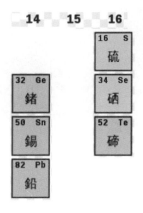

4. 第 15 族（ⅤA 族）元素配上第 16 族（ⅥA 族）元素：

以上就是化合物型半導體材料的主要類型，另外還有兩種化合物型半導體材料比較特別，分別是：

5. 氧化物半導體材料。

6. 碳化矽半導體材料。

二元化合物半導體材料的組成比較簡單，原則上就只有兩種元素而已，但多元化合物半導體材料的情況就比較複雜，例如說有三元甚至是四元等化合物半導體材料。

本文參考與圖片引用出處：

* https://zh.wikipedia.org/wiki/%E5%85%83%E7%B4%A0%E5%91%A8%E6%9C%9F%E8%A1%A8

9.7 化合物型半導體材料-砷化鎵簡介

前面，我們已經對化合物型半導體材料都有了個基本認識，而從本節開始，我們要來看一些化合物型半導體材料的實例，首先是砷化鎵（Gallium Arsenide）。

我們在前面曾經說過，半導體工業在起飛時所用的材料是鍺，但因為鍺在熱穩定性方面較差，於是後來才漸漸地被矽所取代，從此之後矽遂成為整個半導體工業的主流材料，但話雖如此，有些材料的在某方面的特性比矽還要好，也因此，這些材料通常用於特定產品的製造當中，而本節的主角砷化鎵就是這麼樣的一個例子。

首先，讓我們來看看砷化鎵的圖示：

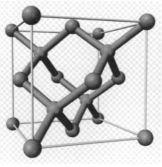

(此圖引用自維基百科)

在上圖當中：

- 左圖：砷化鎵的切面（單晶）。
- 中圖：砷化鎵的結構。
- 右圖：砷化鎵的晶圓（(100) orientation）。

砷化鎵是由砷與鎵兩種元素所組合而成的化合物，其化學式為 $GaAs$，砷化鎵最重要的應用就在於紅外線發光二極體、半導體雷射以及太陽能電池等電子元件。

砷化鎵的優點有很多，例如像是在高頻操作時雜訊很少以及適合操作在高功率的場合中等等，而在通訊領域，像是手機、衛星或者是雷達等也都可以看得到砷化鎵的應用。

在臺灣，最大的砷化鎵晶圓代工廠是穩懋半導體，穩懋半導體在 2022 年 12 月時的營收為 10.85 億元（引用自工商時報，記者：方歆婷，報導時間：2023.01.06）。

✎ 本文參考與圖片引用出處：

- https://de.wikipedia.org/wiki/Galliumarsenid

- https://zh.wikipedia.org/wiki/%E7%A0%B7%E5%8C%96%E9%8E%B5

- https://en.wikipedia.org/wiki/Gallium_arsenide

- https://ctee.com.tw/news/stocks/787253.html

- 工商時報標題：砷化鎵廠 營收兩樣情

9.8 化合物型半導體材料-氮化鎵簡介

講完了砷化鎵之後，現在我們要來看的是氮化鎵（Gallium Nitride），首先讓我們來看看氮化鎵的圖示：

 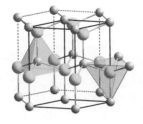 

(上圖均引用自維基百科)

在上圖當中：

- 左圖：氮化鎵的實例。
- 中圖：氮化鎵的結構。
- 右圖：高電子移動率電晶體（HEMT），由氮化鎵所製作而成。

氮化鎵是由氮與鎵兩種元素所組合而成的化合物，其化學式為 GaN，氮化鎵最重要的應用就是發光二極體（Light-Emitting Diode）也就是大家都耳熟能詳的 LED：

LED 是一種半導體光源，主要特徵是發光，原理讓電子與電洞相結合之後放出光子。

氮化鎵除了應用在 LED 之外，再來就是上面所提到過的高電子移動率電晶體（High Electron Mobility Transistor，簡稱為 HEMT），HEMT 圖示如下所示：

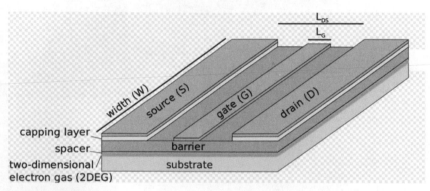

（此圖引用自維基百科）

HEMT 是一種場效電晶體，目前應用在手機、衛星電視以及雷達當中。

本文參考與圖片引用出處：

* https://zh.wikipedia.org/wiki/%E6%B0%AE%E5%8C%96%E9%8E%B5

* https://en.wikipedia.org/wiki/Gallium_nitride

* https://zh.wikipedia.org/wiki/%E9%AB%98%E7%94%B5%E5%AD%90%E8%BF%81%E7%A7%BB%E7%8E%87%E6%99%B6%E4%BD%93%E7%AE%A1

9.9　化合物型半導體材料-磷化鎵簡介

講完了氮化鎵之後，現在我們要來看的是磷化鎵（Gallium Phosphide），首先讓我們來看看磷化鎵的圖示：

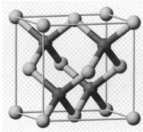

(上圖均引用自維基百科)

在上圖當中：

- 左圖：磷化鎵的實例。
- 中圖：磷化鎵的結構。
- 右圖：磷化鎵的晶圓。

磷化鎵是鋅的氧化物，其化學式為 GaP，磷化鎵最重要的應用就是 LED 發光二極體，至於發光二極體的顏色則是紅色、綠色以及橘色。

自 1960 年代開始，磷化鎵就陸續地應用在發光二極體之上，但在大電流的情況下壽命較短，且會配合其他像是磷砷化鎵等材料來一起使用。

✏ 本文參考與圖片引用出處：

• https://en.wikipedia.org/wiki/Gallium_phosphide

• https://zh.wikipedia.org/wiki/%E7%A3%B7%E5%8C%96%E9%8E
  %B5

9.10 化合物型半導體材料-磷化銦簡介

講完了磷化鎵之後，現在我們要來看的是磷化銦（Indium Phosphide），首先讓我們來看看磷化銦的圖示：

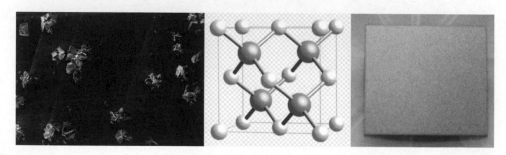

(此圖引用自維基百科)

在上圖當中：

■ 左圖：磷化銦的晶體。

■ 中圖：磷化銦的結構。

■ 右圖：單晶的磷化銦成品。

磷化銦是由磷與銦兩種元素所組合而成的化合物，其化學式為 InP，

磷化銦可應用在高功率高頻電子電路、雷射二極體（Laser Diode）以及磊晶基板上。

PS：磊晶（Epitaxy）：是在原有的晶片上生長出新的結晶，因此又被稱為磊晶成長（Epitaxial Growth）。

本文參考與圖片引用出處：

- https://zh.wikipedia.org/wiki/%E7%A3%B7%E5%8C%96%E9%8A%A6

- https://en.wikipedia.org/wiki/Indium_phosphide

- https://zh.wikipedia.org/wiki/%E5%A4%96%E5%BB%B6_(%E6%99%B6%E4%BD%93)

9.11　化合物型半導體材料-碲化鎘簡介

講完了磷化銦之後，現在我們要來看的是碲化鎘（Cadmium Telluride），首先讓我們來看看碲化鎘的圖示：

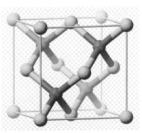

(上圖均引用自維基百科)

在上圖當中：

- 左圖：碲化鎘的實例。
- 右圖：碲化鎘的結構。

碲化鎘是由碲與鎘兩種元素所組合而成的化合物，其化學式為CdTe，碲化鎘最重要的應用就是薄膜太陽能電池：

(此圖引用自維基百科)

📓 本文參考與圖片引用出處：

- https://zh.wikipedia.org/wiki/%E7%A2%B2%E5%8C%96%E9%95%89

- https://en.wikipedia.org/wiki/Cadmium_telluride

- https://en.wikipedia.org/wiki/Cadmium_telluride_photovoltaics

9.12　化合物型半導體材料-硫化鉛簡介

　　講完了碲化鎘之後，現在我們要來看的是硫化鉛（Lead(II) Sulfide），首先讓我們來看看硫化鉛的圖示：

(上圖均引用自維基百科)

在上圖當中：

- 左圖：硫化鉛的實例。
- 右圖：硫化鉛的結構。

　　硫化鉛是由硫與鉛兩種元素所組合而成的化合物，其化學式為 PbS，硫化鉛應用於紅外探測、二極體雷射器以及太陽能電池等。

✏️ 本文參考與圖片引用出處：

- https://zh.wikipedia.org/wiki/%E7%A1%AB%E5%8C%96%E9%93 %85

9.13 化合物型半導體材料-氧化鋅簡介

講完了硫化鉛之後，現在我們要來看的是氧化鋅（Zinc Oxide），首先讓我們來看看氧化鋅的圖示：

(上圖均引用自維基百科)

在上圖當中：

- 左圖：氧化鋅的實例。
- 右圖：氧化鋅的結構。

氧化鋅是鋅的氧化物，其化學式為 ZnO，目前氧化鋅正投入於薄膜電晶體的研究，且未來有可能會取代 GaN 而成為製作紫外光 LD 與 LED 的材料。

📓 本文參考與圖片引用出處：

- https://zh.wikipedia.org/wiki/%E6%B0%A7%E5%8C%96%E9%8B%85

- https://de.wikipedia.org/wiki/Zinkoxid

9.14　化合物型半導體材料-碳化矽簡介

講完了氧化鋅之後，現在我們要來看的是碳化矽（Silicon Carbide，Carborundum，中文又名為金剛砂），首先讓我們來看看碳化矽的圖示：

(上圖均引用自維基百科)

在上圖當中：

- 左圖：碳化矽的實例。
- 中圖：碳化矽的結構。
- 右圖：碳化矽的成品（單晶）。

碳化矽是由碳與矽兩種元素所組合而成的化合物，其化學式為 SiC，碳化矽的應用是發光二極體與高溫高壓半導體等，美國汽車公司特斯拉從自家產品 Model 3 開始，便採用了以碳化矽材料為主的晶片。

📝 本文參考與圖片引用出處：

- https://zh.wikipedia.org/wiki/%E7%A2%B3%E5%8C%96%E7%A1%85
- https://en.wikipedia.org/wiki/Silicon_carbide

9.15 合金型半導體材料-矽鍺簡介

講完了碳化矽之後，現在我們要來看的是矽鍺（Silicon-Germanium），首先讓我們來看看矽鍺的圖示：

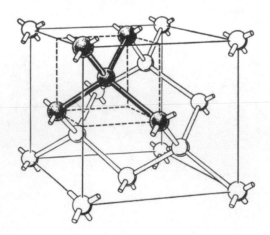

(此圖引用自維基百科)

矽鍺是由矽與鍺兩種元素所組合而成的合金，其化學式為 SiGe，矽鍺應用於異質接面雙載子電晶體（Heterojunction Bipolar Transistor，簡寫為 HBT，屬於雙極性電晶體的一種）與 CMOS 當中。

> ✏️ 本文參考與圖片引用出處：
>
> • https://ca.wikipedia.org/wiki/Silici-germani

半導體製程概說

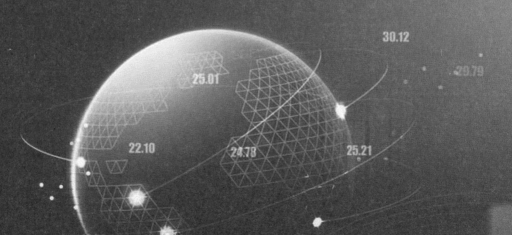

10.1 引言

　　半導體製程所講的內容是把半導體給製作成積體電路，是整個半導體製造的關鍵核心，以臺灣的半導體產業來說，半導體製程可以說是臺灣半導體工業的重要命脈，也因此，本章我們要來概述一下半導體製程這個主題。

10.2 生長晶體概說

　　生長晶體有很多種方法，在此，我們只舉一個名為柴可拉斯基法（Czochralski Process），又簡稱為柴氏法、直拉法或者是提拉法的方法（下文一律稱為直拉法）。

　　透過直拉法，我們可以得到我們要的半導體材料，以生長單晶矽的矽晶棒來說，整個生長過程至少有五個步驟，讓我們來看看下圖：

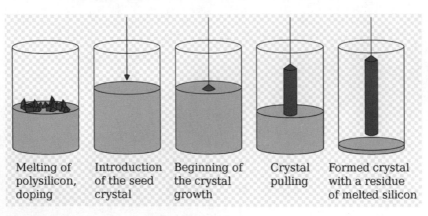

(此圖引用自維基百科)

在上圖當中，由左至右的步驟分別是：

步驟	解説
1	把多晶矽和其他摻雜物給全部丟進坩堝裡頭熔化成高溫液體（高溫液體簡稱為熔融物），其中，摻雜物會決定生長的是 P 型還是 N 型的材料。
2	當多晶矽和其他摻雜物全部熔化完畢之後，把晶種給丟到熔融物的表面。
3	晶種與熔融物之間會因為表面張力，致使熔融物會附著在晶種上後冷卻，而在冷卻的過程裡，熔融物的原子會定位到跟晶種一樣的晶體結構，於是整個過程會生長出跟晶種一樣晶體結構的矽晶棒。
4	把生長中的晶體，也就是矽晶棒給慢慢地往上拉，注意，為了讓摻雜物能夠均勻地摻雜，此時矽晶棒與坩堝之間會以相反方向旋轉。
5	單晶矽的矽晶棒生長完成。

講解完了上面的關鍵步驟之後，接下來讓我們來看看成品：

（上圖均引用自維基百科）

在上圖當中：

- 左圖：透過直拉法而生長出來的單晶矽的矽晶棒，其中，左端的部分就是晶種。
- 右圖：對矽晶棒切割後處理，此為拋光完成後的矽晶圓。

> 📝 本文參考與圖片引用出處：
>
> • https://zh.wikipedia.org/wiki/%E6%9F%B4%E5%8F%AF%E6%8B
> %89%E6%96%AF%E5%9F%BA%E6%B3%95

10.3 積體電路的關鍵製程簡介

積體電路的製程非常複雜，而且有些公司的製程高達上千道，但不管如何，有一些製程不但非常重要而且還非常基本，以下就是：

1. 薄膜製程（加層製程）
2. 微影製程（圖形化製程）
3. 摻雜製程
4. 熱處理製程

以一個 NMOS 電晶體：

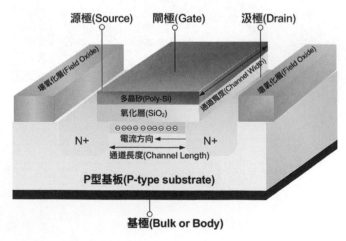

▲ 一個 NMOS 電晶體的立體截面圖 (此圖引用自維基百科)

　　來說，製作一個 NMOS 電晶體就好像在蓋一間房子那樣，是一層一層地被蓋出來的，而這之間至少得經過剛剛上面所說過的那四道非常重要且關鍵的製程，在此我們只是先簡介而已，大家有個基本概念就好。

📝 本文參考與圖片引用出處：

- https://zh.wikipedia.org/wiki/%E9%87%91%E5%B1%AC%E6%B0
  %A7%E5%8C%96%E7%89%A9%E5%8D%8A%E5%B0%8E%E9
  %AB%94%E5%A0%B4%E6%95%88%E9%9B%BB%E6%99%B6
  %E9%AB%94#MOSFET%E7%9A%84%E6%A0%B8%E5%BF%83
  %EF%BC%9A%E9%87%91%E5%B1%AC%E2%80%94%E6%B0
  %A7%E5%8C%96%E5%B1%A4%E2%80%94%E5%8D%8A%E5
  %B0%8E%E9%AB%94%E9%9B%BB%E5%AE%B9

10.4　薄膜製程簡介

　　在講解薄膜製程的基本概念之前，讓我們先來看一件日常生活裡頭的實例，相信各位都有手機，對於新買來的手機很多人都會做適當的保護，例如說裝手機殼以及貼上螢幕保護膜（Screen Protector）：

(上圖均引用自維基百科)

而半導體當中的薄膜製程也是一樣，讓我們直接來看圖：

在上面的示意圖當中，表示在晶圓 A 的表面上長了一層薄薄的膜，而這層膜我們就稱為薄膜，這層薄膜可以是絕緣體、半導體或者是導體，至於是什麼，那就看選擇的薄膜材料而定，而在半導體工業裡頭，二氧化矽（化學式 SiO_2）很常用於生長薄膜的材料。

最後，關於薄膜的生長有很多種方法，在此我先舉幾個比較重要的方法：

類型	實例
生長法	1. 氧化法 2. 氮化法
沉積法	1. 化學氣相沉積法 2. 物理氣相沉積法 3. 蒸鍍法 4. 濺鍍法（也稱為濺射法）

✒️ 本文參考與圖片引用出處：

- https://zh.wikipedia.org/wiki/%E5%B1%8F%E5%B9%95%E4%BF%9D%E6%8A%A4%E8%86%9C

- https://en.wikipedia.org/wiki/Screen_protector

10.5 微影製程簡介

在講解微影製程（Photolithography）的基本概念之前，讓我們先來看看下面那兩個雕刻藝術品：

(上圖均引用自維基百科)

在上圖當中：

- 左圖：強調的是浮雕，作者以凸出的方式來表達作品。
- 右圖：強調的是內刻，作者以內凹的方式來表達作品。

了解了上面的基本概念之後，現在，就讓我們回到半導體，在半導體製程當中，晶圓表面上的薄膜，可以透過適當的方法來處理，進而形成下圖左的「島」與下圖右的「孔」，這情況，就跟上面那兩個藝術品的意思一樣：

　　所以說，微影製程就是把材料當中的特定部位給去除的一道製程，而當特定部位的材料被去除掉之後，就會留下一個特別的形狀。

　　正是因為有了微影製程，於是便可以在材料上再度地生長材料，然後去除不必要的材料，進而製造出許許多多的電子元件出來，而這整個過程就好像在蓋房子一樣。

✏️ 本文參考與圖片引用出處：

- https://de.wikipedia.org/wiki/Schnitzen

- https://en.wikipedia.org/wiki/Carving

10.6 從數位邏輯設計到半導體製程

　　有學過數位邏輯設計的人心裡頭應該多多少少都會有個疑惑，那就是，這門學問跟半導體製程（積體電路製造）兩者之間到底有什麼關係？這關係可大了，讓我們用一張圖來解釋：

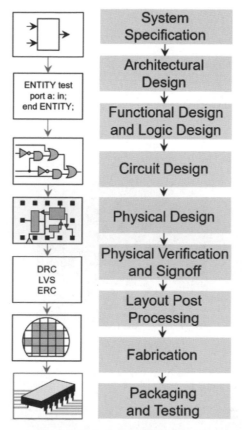

(此圖引用自維基百科)

在上圖當中，功能與邏輯設計轉換成電路設計，接著後面又一路轉換，變成了封裝後的積體電路，這也是為什麼數位邏輯設計跟半導體製程兩者分不開的原因就在於此。

✏️ 本文參考與圖片引用出處：

- https://en.wikipedia.org/wiki/Integrated_circuit_design

10.7 摻雜製程簡介

所謂的摻雜，意思就是指把定量的雜質，通過薄膜的開口處之後，被導引進晶圓內部的一項製程，目前最主要的技術是離子佈植（Ion Implantation）。

這樣講太抽象了，讓我們先來看看下面的例子：

(此圖引用自維基百科)

在上圖當中，當把飛鏢射在標靶上之時，飛鏢不但會穿過標靶表面，而且飛鏢的尖端之處還會刺進標靶之內。

回到我們的半導體，摻雜製程跟上面那張圖的原理有點相像，讓我們來看看下圖：

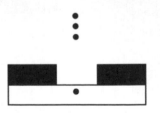

在上圖當中，晶圓被放置在離子佈植系統之內，此時氣態的摻雜離子藉由電場來加速之後射出，於是離子會穿過晶圓表面，並從晶圓表面進

入，這情況就跟把飛鏢射在標靶上之時，飛鏢不但會穿過標靶表面，而且飛鏢的尖端之處還會進入標靶之內的意思一樣。

　　摻雜在半導體製程當中扮演的角色非常重要，因為藉由摻雜，便可以讓半導體形成所謂的 PN 接面（P-N Junction）。

✏️ 本文參考與圖片引用出處：

- https://zh.wikipedia.org/wiki/%E6%A0%87%E9%9D%B6_(%E5%B0%84%E5%87%BB)

10.8　熱處理製程簡介

　　所謂的熱處理，意思就是指對晶圓加熱或冷卻的一道製程，而之所以會有熱處理這道製程，最主要的原因有下面兩點：

1. 經過了離子佈植這道製程之後，此時材料（如矽晶圓）的晶體結構已經被破壞。
2. 雜質（特定離子）的分布會過於集中。

　　因此，藉由熱處理製程來把晶圓給加熱，這樣一來，矽晶圓裡頭的晶體結構就會被重新修復成單晶結構，同時雜質也會逐漸地擴散開來，最後達到均勻分布，而這步驟則是被稱為退火（Annealing），圖示如下所示（下為示意圖）：

在上圖當中，左圖為退火前，而右圖則是退火後。

10.9　CMOS 的製程簡介

　　講完了前面的基本介紹之後，接下來，我們要舉一個不是很好但又簡單的例子來跟各位大略地簡介 CMOS 的製程，而在進入這個主題之前，讓我們先來想像一下，假如你現在要蓋一棟 8 層樓，且每一層樓的高度與結構都不一樣的大廈，對每一層樓來說，你都必須要事先設計好每一層樓的高度與結構，並且還要有設計圖，必要時還得用電腦輔助設計來幫你完成這件事情。

　　假設第一層樓的結構是長 5 公尺、寬 5 公尺以及高為 3 公尺的三房兩廳，然後你先用水泥弄出一個長 5 公尺、寬 5 公尺以及高為 3 公尺的水泥體，弄好之後，你根據設計圖，然後用布來遮住水泥體上方的水泥平面當中的某些區域，接著你用化學藥水一噴之後，沒被布所遮蓋的區域就會被化學藥水給侵蝕掉，而侵蝕完畢之後剩下來的部分就是完成後的三房兩廳，這是一樓的部分，而後面的每一層都這樣蓋。

　　上面的內容只是一個比喻而已，其實並不完全正確但至少先有個基本概念就好。

　　了解了蓋房子的情況之後，接下來讓我們來看看 CMOS 的製程，或許下面的內容各位還不是很清楚但沒關係，不懂的地方就暫時先跳過，我們先有個簡單的基本概念就好，以下就是（下圖全引用自維基百科）：

1. 生長氧化層：

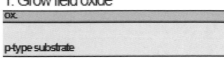

2. 蝕刻氧化層上的某一部分區塊：

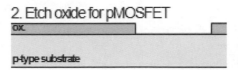

3. 生成 n-well：

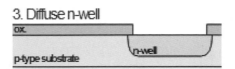

4. 再進行蝕刻：

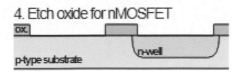

5. 生長閘極氧化層（Gate Oxide）：

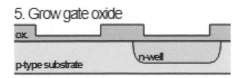

6. 沉積多晶矽（Polysilicon）：

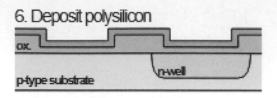

7. 把多晶矽和氧化層給蝕刻掉：

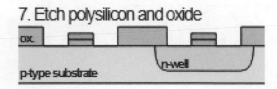

8. 注入：

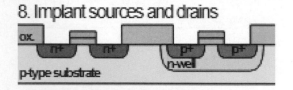

9. 生長氮化物：

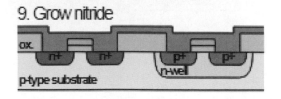

10. 蝕刻氮化物：

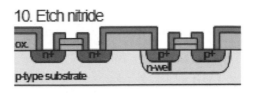

11. 沉積金屬：

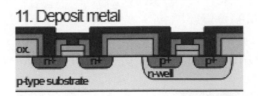

12. 蝕刻金屬：

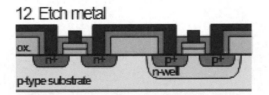

上面就是以製造 CMOS 為例的半導體製程簡介，在此請各位注意一點，上面的製程僅止於一個簡介而已，並且中間少去了若干例如像是退火等的重要步驟，不過沒關係，我們先不要去探究這些細節，只要先有個基本概念即可。

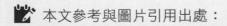 本文參考與圖片引用出處：

https://en.wikipedia.org/wiki/CMOS

10.10 晶圓測試簡介

晶圓在製造完畢之後必須得經過測試，而測試的主要目的至少有下面三點：

1. 找出合格與不合格的晶片。
2. 對元件的的物理性能來進行評估。
3. 計算出合格品與不良品的比例，並把結果回饋給第一線的生產人員以及公司的負責部門。

晶圓測試主要用的是晶圓探測器（Wafer Prober），圖示如下所示：

(此圖引用自維基百科)

在上圖當中，左邊放置晶圓，至於右邊則是放置電腦，開始運行時，電腦會輔助測試，至於過程的話大致如下所示：

1. 把晶圓固定住。

2.　讓探針對準晶圓上的焊墊（Bonding Pad），並使其相接觸。

3.　把探針以及測試電路的電源給連接起來。

4.　紀錄測試結果。

本文參考與圖片引用出處：

- https://en.wikipedia.org/wiki/Wafer_testing

PS ：焊墊（Bonding Pad）：是個金屬，位於電路接點上，圖示如下所示。

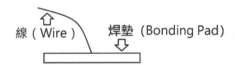

10.11　積體電路的封裝簡介

在經過測試這道流程之後，最後，我們終於要來到封裝，在封裝之前必須得先切割晶圓，情況如下圖左所示（下圖左引用自 Youtube 認識晶圓的製造過程）：

當晶圓被切割（如上圖左）成一小片一小片的晶片（如上圖中）之後，接著晶片會被封裝（如上圖右的微處理器）。

本文參考與圖片引用出處：

- Youtube 認識晶圓的製造過程，作者：How To Asia

- https://en.wikipedia.org/wiki/Integrated_circuit

- https://en.wikipedia.org/wiki/Semiconductor_package

其他常見的半導體元件

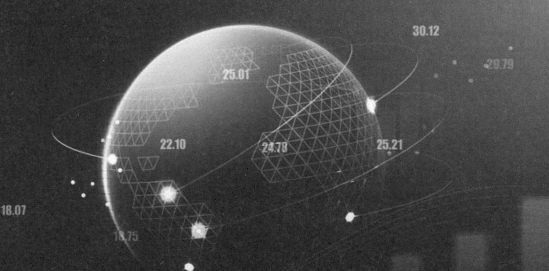

11.1 引言

由量子物理學所創造出來的半導體以及半導體應用對世界的影響來説實在是太廣了，所以在此，我們要來簡介一下這部分的內容，不過請各位放心，由於是最後，所以我們就以漫談或閒聊的方式來撰寫本章的內容，各位輕鬆看待即可。

1.2 太陽光電系統概說

太陽能，是目前許多國家正在推的環保能源，我曾經在日本三重縣的鄉下地方就看過有許多農家在空地上放置類似下圖中的太陽能電池板：

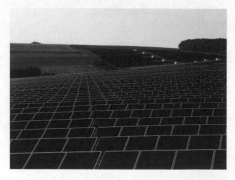

▲ 德國的 19 MW 太陽能光電發電園區(此圖引用自維基百科)

有了以上的基本簡介之後，接下來就讓我們來看看太陽能的基本定義。

太陽能（Solar Energy），是指使用太陽本身所輻射出來的光與熱，並配合相關設備來加以運用的一種能源，例如上面的太陽能電池板就是一個非常典型的範例。

　　太陽能所帶來的潛力可以說是非常巨大，不但可以運用在家庭當中，甚至還有人拿來比賽：

▲ 在澳大利亞所舉辦的世界太陽能挑戰賽(此圖引用自維基百科)

　　上圖的汽車是一台太陽能車，而這台車的行駛長度則是高達了 3,021 km，所以路程相當長。

　　目前，人類對於太陽能技術的發展已經逐漸成熟，在未來，甚至還有人想把太陽能技術給應用在外太空上：

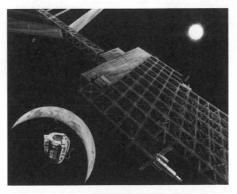

▲ 在太空設立太陽能太空站的想像圖(此圖引用自維基百科)

剛剛說到，太陽能可以運用在家庭當中，關於這件事情，各位可以看看下面這則報導。

新聞標題：日本一女性 10 年無電費生活 晴天靠太陽能、雨天單車發電

報導記者：施慧中／編譯

發布時間：2022-09-23 14:03

本篇新聞更新時間：2022-09-26 14:41

網址出處：

https://news.pts.org.tw/article/601293

內容大致是說明，日本有一位女性因為使用了太陽能電池板來處理例如煮飯等家務，因此讓她已經有 10 年沒繳過電費。

其實像太陽能這種技術的目標就在於，使用者可以實現能源獨立，並且達到能源自給自足的生活方式。

好了，講解完了上面的內容之後，接下來就讓我們來講講太陽能光電系統，而在講解太陽能光電系統之前，請各位先回到前面所講解過的光電效應，那時候我們說：

當光照射到金屬表面上之時，此時金屬表面上的電子會收到激發，接著電子離開金屬表面而開始移動。

那聰明的各位可以想想，當電子離開金屬表面而開始移動之時，這不就是電流（應該說是電子流）嗎？沒錯，所以簡單來講，太陽光電系統的基本原理就是用光來照射半導體或者是半導體與金屬所組成的材料之後進而產生電壓與電流。

最後各位可以看看，臺灣近 20 年來發展太陽能所產出的發電量：

年度	裝置容量 （百萬瓦, MW）	發電量 （百萬度, GWh）
2022	9,724.00	10,675.34
2021	7,700.21	7,968.75
2020	5,817.21	6,074.67
2019	4,149.54	4,015.95
2018	2,738.12	2,712.04
2017	1,767.70	1,667.45
2016	1,245.06	1,109.01
2015	884.25	850.27
2014	635.95	528.76
2013	409.94	321.10
2012	231.28	159.87
2011	129.91	61.62
2010	34.56	21.73
2009	9.51	9.11
2008	5.58	4.47
2007	2.44	2.18
2006	1.41	1.46
2005	1.04	0.96
2004	0.57	0.58
2003	0.45	0.46
2002	0.33	0.35
2001	0.20	0.26
2000	0.10	0.12

（此表引用自維基百科）

　　各位可以看到，隨著年份的增加，藉由太陽能所產出的發電量也已經越來越高，由此可見，太陽能產業已經是臺灣的明日之星。

> 本文參考與圖片引用出處:
>
> - https://zh.wikipedia.org/wiki/%E5%A4%AA%E9%98%B3%E8%83%BD
>
> - https://news.pts.org.tw/article/601293
>
> - https://zh.wikipedia.org/wiki/%E5%8F%B0%E7%81%A3%E5%A4%A
>   A%E9%99%BD%E8%83%BD%E7%94%A2%E6%A5%AD

11.3 認知電腦概說

　　搶答遊戲我相信大多數人應該都有看過甚至是親身玩過,但想像一下,如果搶答遊戲的對象是下圖中位於中間的人工智慧系統華生的話,那這時候人類的勝算就很難說了,情況如下所示:

(此圖引用自維基百科)

　　認知電腦（Cognitive Computer）是一種結合人工智慧以及機器學習演算法的晶片，例如下圖中，由 IBM 公司所研發出來的晶片 TrueNort ：

▲ 此圖一共有 16 個 TrueNorth 晶片(引用自維基百科)

　　TrueNorth 是 CMOS 積體電路，並且是設計於單晶片上的多核處理器網路，這種晶片的主要特色就在於試圖重現人類大腦的行為。

　　以華生的情況來說，當華生在面對每一個問題的時候，當下都能夠同時執行多種演算法，並且試圖從這些演算法當中來找出答案，而當用演算法所找出來的相同答案越來越多之時，華生就越能夠肯定答案的正確性。

　　重點是，認知電腦的設計是一種特別的架構，這主要是因為，我們現在所用的電腦（計算機）的設計架構都是以馮・諾依曼的設計架構為主，但認知電腦的設計架構卻是貼近於人類大腦，也就是說，認知電腦採用的是生物醫學的方式，例如藉由模擬神經元等思維所設計出來。

> 📝 本文參考與圖片引用出處：
>
> * https://zh.wikipedia.org/wiki/%E6%B2%83%E6%A3%AE_(%E4%
>   BA%BA%E5%B7%A5%E6%99%BA%E8%83%BD%E7%A8%8B
>   %E5%BA%8F)
>
> * https://zh.wikipedia.org/wiki/%E8%AA%8D%E7%9F%A5%E9%9B
>   %BB%E8%85%A6

11.4 發光二極體概說

在前面，我們曾經講解過發光二極體（Light-Emitting Diode，簡稱為 LED）的基本概念，那時候我們說：

LED 是一種半導體光源，主要特徵是發光，原理是讓電子與電洞相結合之後放出光子。

LED 的特色是可製造出單色光（單一波長），且 LED 在製作上所使用的材料不是 Si，最主要是因為 Si 的發光效率非常不好，所以沒辦法使用 Si 來製作 LED，以目前的情況來說，都是使用化合物材料來製作 LED，因此，本節就要來介紹這方面的基本知識。

首先，讓我們一起來看看下表：

					多原色/闊頻段			
單色					紫（Purple）		白	
顏色	λ波長（nm）	正向偏壓（V）	半導體	化學式	正向偏壓（V）	構成	正向偏壓（V）	構成
紅外線	>760	<1.9	砷化鎵 鋁砷化鎵	GaAs AlGaAs	2.48-3.7	紅發光二極體＋藍發光二極體 藍發光二極體＋紅色磷光體 白發光二極體＋紫色濾光器	2.9 - 3.5	藍發光二極體或紫外線發光二極體＋黃色磷光體 紅發光二極體＋綠發光二極體＋藍發光二極體
紅	760至610	1.63-2.03	鋁砷化鎵 砷化鎵磷化物 磷化鋁鎵銦 磷化鎵（摻雜氧化鋅）	AlGaAs GaAsP AlGaInP GaP:ZnO				
橙	610至590	2.03-2.10	砷化鎵磷化物 磷化鋁鎵銦 磷化鎵（摻雜?）	GaAsP AlGaInP GaP:?				
黃	590至570	2.10-2.18	砷化鎵磷化物 磷化鋁鎵銦 磷化鎵（摻雜氮）	GaAsP AlGaInP GaP:N				
綠	570至500	2.18-4	銦氮化鎵 氮化鎵 磷化鎵 磷化鋁鎵銦 鋁磷化鎵	InGaN/GaN GaP AlGaInP AlGaP				
藍	500至450	2.48-3.7	硒化鋅 銦氮化鎵 碳化矽 矽（研發中）	ZnSe InGaN SiC Si（研發中）				
紫	450至380	2.76-4	銦氮化鎵	InGaN				
紫外線	<380	3.1-4.4	碳（鑽石）氮化鋁 鋁銦氮化物 氮化鋁鎵銦	C (diamond) AlN AlGaN AlGaInN				

(此表引用自維基百科)

在上表當中，不同的半導體材料有不同的發光情況，而這主要是因為能隙的不同。

以砷化鎵（GaAs）與鋁砷化鎵（AlGaAs）來説，兩者所產生的都是紅外線，尤其是砷化鎵，砷化鎵的能隙只有 1.42eV，且放出的是波長為 870nm 左右的紅外線，目前已經商業化到家電產品，例如家中的遙控器就是一個例子。

而對鋁砷化鎵（AlGaAs）來説，如果在砷化鎵（GaAs）當中加入少量的鋁（Al）而成為鋁砷化鎵（AlGaAs）之後，適當地增加鋁的比例，這時候光的波長就會變得越來越短，於是紅色就會慢慢地出現，其他的材料與發光情況之間的關係各位可以看表。

最後補充一點，LED 的亮度是由 pn 接面的發光效率而定，也就是説，如果有越多的電子與電洞結合在一起的話，這時候 LED 的發光效率就會越好。

1.5 異質接面與同質接面概說

所謂的異質接面（Heterojunction）意思是指在二極體當中，p 型與 n 型使用的是不同的半導體材料，反之，p 型與 n 型使用的是相同的半導體材料則是同質接面（Homojunction），讓我們來看下圖：

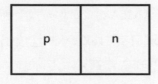 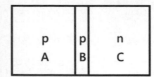

在上圖當中：

- 左圖是同質接面，同質接面的特點是 p 與 n 材料相同，但發光效率不好，主要是因為發出的光會被晶體所吸收。

- 右圖是異質接面，異質接面的特點是 p 與 n 材料不同，或者是 p 與 n 材料相同，但材料內的元素比例不同，其中，異質接面是由兩個披覆層同時夾住一個活性層，因此又被稱為雙異質接面，例如圖中的 A 為披覆層、B 為活性層以及 C 為披覆層，以及披覆層的能隙比活性層大。

　　當對二極體施以順向偏壓之時，電子與電洞便會開始移動，但由於披覆層的能隙與活性層的能隙皆不相同，所以此時電子與電洞都會被困在活性層之內，這時候活性層之內的電子與電洞數量就會變得很多，在此情況之下，兩者便會大大地結合在一起，使得發光效率就會變得很高。

　　所以一般而言，如要製作發光效率高的半導體，就要採用異質接面的方式來做設計。

11.6　雷射概說

　　雷射（Laser，全稱為 Light Amplification by Stimulated Emission of Radiation）的意思是指，把受激放射的光給放大，這樣講太抽象了，讓我們先來看看兩個跟雷射有關的基本概念，分別是自發放射與受激放射。

　　自發放射：在沒有外界的作用（激發）之下，電子會自己從高能階轉移到低能階，並且放出光子，圖示如下所示：

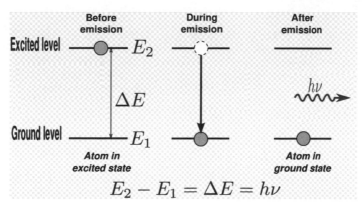

(此圖引用自維基百科，並由作者修改)

注意，在上圖當中，放出來的光子其運動方向為任意方向，在此為了方便表示起見以光子向右運動為例。

受激放射：在外界（例如入射光子）的作用（激發）之下，電子會從高能階轉移到低能階，並且放出光子，圖示如下所示：

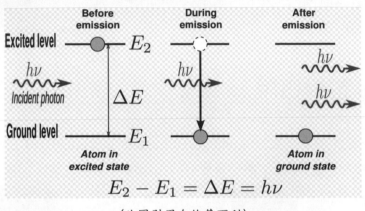

(此圖引用自維基百科)

而本節的主題-雷射就是屬於受激放射，並且關於受激放射有下列三點非常重要：

1. 一顆光子在撞擊電子之後會產生兩顆光子，而雷射就是用此原理產生一群光子。
2. 被撞出來的兩顆光子，其運動方向與入射光子相同。
3. 被撞出來的兩顆光子，其相位與入射光子相同。

上面的內容非常重要，因為下一節我們要來介紹半導體雷射（Semiconductor Laser），而半導體雷射的原理與本節的內容非常密切。

本文參考與圖片引用出處：

- https://zh.wikipedia.org/wiki/%E5%8F%97%E6%BF%80%E5%8F
  %91%E5%B0%84

11.7 半導體雷射概說

有了雷射的基本知識之後，接下來我們就可以來看看半導體雷射的基本原理。

半導體雷射（Semiconductor Laser）又被稱為雷射二極體（Laser Diode，簡寫為 LD），其發光原理與前面所說過的發光二極體（Light-Emitting Diode，LED）完全相同，但這兩者之間是有差別的，讓我們來看看：

- 半導體雷射：激發出來的光子會在共振腔（Optical Cavity）之內增強後而釋出。
- 發光二極體：直接把光釋放，不需增強後釋出。

讓我們從結構圖來看：

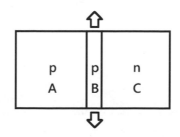

以發光的方向來說：

- 半導體雷射：光會從活性層的兩側平行地放射出去，且放射的光是同調光。
- 發光二極體：光會從活性層的周圍四處地放射出去，放射的光是非同調光。

關於同調光與非同調光之間的差別請看下圖：

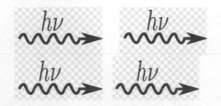

- 同調光：相位、振幅與波長三者都完全相同，情況如上圖左所示。
- 非同調光：相位不同，但振幅與波長兩者卻完全相同，情況如上圖右所示。

關於半導體雷射讓我們實際來看個例子：

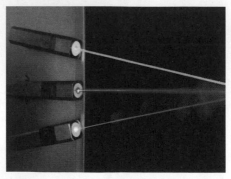

(此圖引用自維基百科)

注意，上圖中的光是同調光。

本文參考與圖片引用出處：

* https://zh.wikipedia.org/wiki/%E5%8D%8A%E5%AF%BC%E4%B
  D%93%E6%BF%80%E5%85%89

11.8 功率半導體概說

功率半導體（Power Semiconductor Device）是一種在高電壓或高電流之下運行的半導體元件（類比式運作），其主要功能有下列四種：

1. 整流功能：例如把交流電轉換成直流電。
2. 變壓功能：例如把直流電電壓升高或降低。
3. 逆變功能：例如把直流電轉換成交流電。
4. 變頻功能：例如改變交流電的頻率。

功率半導體最常見的一個例子就是功率 MOSFET（Power MOSFET），功率 MOSFET 是一種可承受高電壓的金屬氧化物半導體場效電晶體，圖示如下所示：

(上圖均引用自維基百科)

- 左圖：二個功率 MOSFET。
- 右圖：功率 MOSFET，從左到右的針腳為：閘極（邏輯電位）、汲極以及源極。

功率 MOSFET 有兩種結構，分別是：

1. 垂直擴散 MOS（VDMOS）結構（也被稱為雙擴散 MOS，或者是 DMOS）。
2. 橫向擴散金屬氧化物半導體（LDMOS）結構。

接下來讓我們來看看 VDMOS 的截面圖：

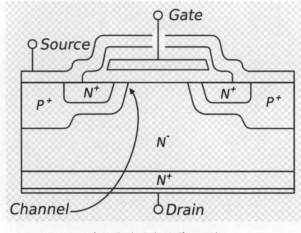

(此圖引用自維基百科)

功率半導體非常重要，這主要是因為，功率半導體大多應用在工業與家電產品上面，例如電動車、電力傳輸系統與生活家電等均可看到功率半導體的蹤跡。

> 📝 本文參考與圖片引用出處：
>
> - https://zh.wikipedia.org/wiki/%E5%8A%9F%E7%8E%87MOSFET
> - https://en.wikipedia.org/wiki/Power_MOSFET

11.9　感光元件概說

感光元件（Image Sensor）是一種把光給轉換成電子訊號的半導體元件，最主要用於智慧型手機、數位相機以及電子光學設備當中，有兩種形式，分別是：

- 電荷耦合元件（Charge-Coupled Device，簡寫為 CCD，又被稱為感光耦合元件）
- 互補式金屬氧化物半導體主動像素感測器（CMOS Active Pixel Sensor）

讓我們來看看產品圖示：

(此圖引用自維基百科)

在上圖當中，由左到右分別是：

- 左圖：安裝在電路板上的感光耦合元件晶片。
- 中圖：數位相機主板上的感光元件，具有 600 萬像素。
- 右圖：Canon 公司的 CMOS 感光元件。

電荷耦合元件的原理是，每一個電容會把自己的電荷傳遞給隔壁的下一個電容，而最後一個電容裡頭的電荷，則是會傳給電荷放大器，並被轉化為電壓訊號，也就是說最後會被轉換成大電子訊號（所有像素共用同一個放大器），圖示如下所示：

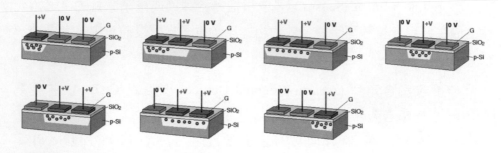

(此圖引用自維基百科)

在上圖當中，對閘極（G）施加正電壓之後便會產生勢阱，接著把電子給收集起來，且按照順序施加正電壓之後，便可以傳遞電子。

至於互補式金屬氧化物半導體主動像素感測器的原理是，直接在每一個像素當中放置一個放大器，於是電荷可以立刻被放大器給增幅。

下圖為一組用於紫外線影像處理用的 CCD 晶片及其應用-Webcam 網路攝影機鏡頭：

(上圖均引用自維基百科)

📝 本文參考與圖片引用出處：

- https://zh.wikipedia.org/wiki/%E5%9B%BE%E5%83%8F%E4%BC
  %A0%E6%84%9F%E5%99%A8

11.10 薄膜電晶體簡介

　　近年來，由於液晶顯示器（Liquid-Crystal Display，縮寫為 LCD）在市場上隨處可見，而液晶顯示器跟薄膜電晶體又脫離不了關係，所以在此我們要來稍微講解一下薄膜電晶體的基本概念。

　　薄膜電晶體（Thin-Film Transistor，簡寫為：TFT）是一種場效電晶體，主要是在基板上沉積一層薄膜來當成通道區，圖示如下所示：

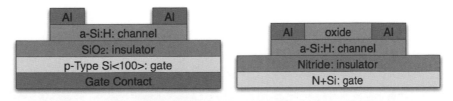

(此圖引用自維基百科)

在上圖當中，薄膜電晶體是以氫化非晶矽（a-Si:H，能階小於單晶矽）為主要材料，這使得薄膜電晶體變得不透明，至於絕緣體部分，左圖是以二氧化矽 SiO_2 為絕緣體，而右圖則是以氮化物為絕緣體。

薄膜電晶體是在低溫製程中進行，這主要是因為薄膜電晶體的基板無法承受高溫退火，2003 年，研究人員以氧化鋅來製作出這世界上第一個透明的薄膜電晶體。

本文參考與圖片引用出處：

- https://zh.wikipedia.org/wiki/%E8%96%84%E8%86%9C%E9%9B%BB%E6%99%B6%E9%AB%94

- https://ja.wikipedia.org/wiki/%E8%96%84%E8%86%9C%E3%83%88%E3%83%A9%E3%83%B3%E3%82%B8%E3%82%B9%E3%82%BF

半導體與晶片漏洞概說

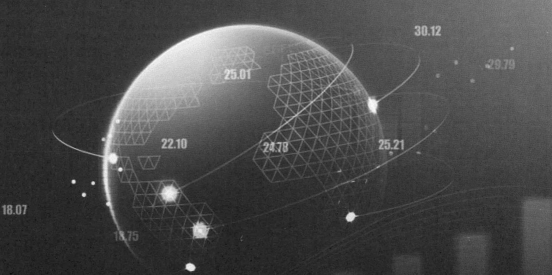

12.1　硬體木馬鍵盤紀錄器概說

在許多人的印象當中，惡意程式主要都是以程式或軟體為主，這主要是因為以程式或軟體所做成的惡意程式具有散佈的功能，而且方便又省時，重點是有的還搭配 Rootkit 等這種隱藏行程的高超技巧，因此，許多惡意程式都是以程式或軟體的形式來問世。

但對駭客而言，只要能把資料給弄到手，不論是用軟體還是用硬體，什麼手段都可以，所以，本節要來介紹的主題就是硬體木馬鍵盤紀錄器，硬體木馬鍵盤紀錄器跟軟體木馬鍵盤紀錄器在形式上來說不一樣，但兩者確有異曲同工之妙，讓我們來看看下圖：

(此圖引用自維基百科)

在上圖當中，框起來的黑色裝置就是硬體木馬鍵盤紀錄器，而這個鍵盤紀錄器的內部有一個快閃記憶體，主要是用於儲存使用者從鍵盤當中的打字內容，各位可以仔細看看，這個硬體木馬鍵盤紀錄器被偽裝成裝置，然後跟鍵盤插頭連接在一起，而這對一般人來說，根本無法分辨它是什麼東西。

好了，我們對於硬體木馬鍵盤紀錄器的故事就講到此，從本章開始，我們要來看的是硬體資安。

✍️ 本文參考與圖片引用出處：

- https://uk.wikipedia.org/wiki/%D0%90%D0%BF%D0%B0%D1%80
  %D0%B0%D1%82%D0%BD%D0%B8%D0%B9_%D1%82%D1%8
  0%D0%BE%D1%8F%D0%BD

12.2 漏洞概說

漏洞（Vulnerability）就是一種缺陷，這缺陷含有弱點與瑕疵的意思在，因此也被稱為脆弱性，在此漏洞二字專指電腦系統安全方面的問題，這樣講或許太抽象了，讓我們來看個生活當中的例子。

假設現在有一個社區，社區的四周有高牆，高牆上裝有攝影機，而攝影機會隨時進行 360 度的旋轉，就在這時候，有一位對社區觀察已久的小偷準備要藉由爬牆的方式來潛入進社區，於是這位小偷看了看，小偷發覺到攝影機雖然會進行 360 度的旋轉，但攝影機卻有一些空檔時間不會照到某些角度，因此，小偷就可以趁著這空檔時間快速地爬過牆去，進而潛入進社區裡頭，像這種就是漏洞的一個例子。

再舉一個例子，例如說，政府為了保育，於是禁止國人從原產地直接進口野生保育動物入國，但如果有心人把野生保育動物先運送到法律沒規定的第三國，之後再從第三國把野生保育動物進口入國，像這種也是漏洞的一個例子。

　　所以法律、規則、合約或者是條約等，全都可以帶有漏洞，例如常常聽到的「鑽法律漏洞」就是類似的情形。

　　之所以會造成漏洞的原因有很多，以上面社區的例子來說就是屬於安全機制設計不良的經典範例；而以進口野生保育動物入國的例子來說則是屬於法律上的漏洞，以上這些漏洞全都屬於日常生活中的例子。

　　回到計算機系統，對計算機系統來說，計算機系統之所以會出現漏洞的原因主要有系統權限、密碼管理、作業系統設計不良甚至是程式出現錯誤等問題，而這些問題通常都是潛在性的狀況居多，廠商在發布產品時並不會發現到這些問題，這些問題通常都是等到產品上市後才發現到，其中有的問題甚至還是由客戶反饋後才知道。

　　了解了漏洞的基本概念之後，接下來我們要來舉一些有關於硬體漏洞的實際範例。

12.3　硬體漏洞的經典範例-熔毀 Meltdown 概說

　　了解了前面的內容之後，接下來我們要來看個漏洞的實際範例-熔毀 Meltdown：

(此圖引用自維基百科)

Meltdown 所帶來的漏洞是權限問題，主要是低權限行程不管行程本身是否取得特權，都可以取得受高權限保護的記憶體空間當中的資料，簡單來講就是在不需要特權的情況之下就可以存取重要資料所在的記憶體空間，這樣講太抽象了，讓我們用生活中的例子來解釋。

例如說，你現在開一間泡沫紅茶店（低權限行程），那你想想，就算管你的上級主管機關沒給你這間泡沫紅茶店權限（特權）之時，你們這間泡沫紅茶店也可以取得政府高層當中，某個受高度保護的櫃子（受高權限保護的記憶體空間）當中的機密資料，這樣一來，事情就會非常大條，像這種情況就是漏洞的一個經典範例。

之所以會有 Meltdown 的出現，最主要的原因是數位電路（Digital Electronics）也就是數位積體電路設計不良所造成，而且 Meltdown 最麻煩的地方就在於，就算惡意程式利用 Meltdown 來攻擊計算機，計算機本身也無法察覺到 Meltdown 的存在，這可說是資訊安全上的一大漏洞。

上面，我們只是對 Meltdown 有個快速的小認識，接下來，我們要來補充一下 Meltdown 的小知識。

Meltdown 的正式名稱是「Rogue Data Cache Load」，由於 Rogue 帶有失控的意思在，所以「Rogue Data Cache Load」又被翻譯成「惡意資料快取載入」，Meltdown 之所以麻煩，除了權限的問題之外，還普遍存在於 Intel 大部分的 x86/x86-64、部分 IBM POWER 以及某些 ARM 架構的處理器當中，由於這些處理器的市占率都非常地高，所以許多計算機甚至是伺服器等，幾乎全都受到 Meltdown 的波及，也就是說，Meltdown 所帶來的影響層面之廣那幾乎是無法想像。

Meltdown 的出現可說是天大的漏洞，因此，後來就有廠商陸續提出相關方案來試著解決 Meltdown 這個燙手山芋，至於解決方式有下列兩

種，分別是：

1. 從硬體修復：重新設計處理器的微架構。
2. 從軟體修復：如 Linux 採用核心頁表隔離技術。

但不管是哪一修復，其所付出的代價都非常龐大，在 2018 年之時，微軟就曾經針對 Meltdown 發布了系統安全性修正，但修復的結果卻是降低處理器的效能。

本文參考與圖片引用出處：

- https://zh.wikipedia.org/wiki/%E7%86%94%E6%AF%81_(%E5%AE%89%E5%85%A8%E6%BC%8F%E6%B4%9E)

12.4 硬體漏洞的經典範例-幽靈 Spectre 概說

上一節，我們概述了一下熔毀 Meltdown，與 Meltdown 同時，另一個硬體漏洞幽靈 Spectre：

(此圖引用自維基百科)

也隨著被爆出來。

Spectre 最主要的問題就在於，Spectre 可以讓惡意程式的行程取得其他程式在虛擬記憶體當中的資料，虛擬記憶體就好像寫作文時的稿紙，稿紙上的內容可以是無關緊要的內容，當然也可以是非常重要的機密資料，所以 Spectre 可以說是另一個要命的硬體漏洞。

由於 Spectre 可在 Intel、部分 ARM 以及特殊情況時的 AMD 架構下運作，因此，只要是計算機，幾乎無一倖免。

當 Spectre 出現之後，廠商便開始著手對此漏洞來進行修復，2018 年之時，微軟針對 Spectre 發布了系統修補程式，但修補的結果與 Meltdown 一樣也出現了效能降低的情況。

✏️ 本文參考與圖片引用出處：

- https://zh.wikipedia.org/wiki/%E5%B9%BD%E7%81%B5%E6%BC%8F%E6%B4%9E

12.5 單晶片概說

從前面的半導體學習當中我們知道，不論 CPU 也好，記憶體也罷，那全都是由半導體製程所製造出來的產品，既然如此，能否把 CPU、記憶體、定時器、計數器以及各種輸入輸出介面等全都整合在一塊積體電路晶片上呢？

答案是可以的，像這種整合後的晶片，我們就稱為單晶片：

(此圖引用自維基百科)

由於單晶片具有整合的意義在，所以單晶片又被稱為單晶片微電腦（Single-Chip Microcomputer）或者是微控制器單元（Microcontroller Unit）。

單晶片的優點是不需要外接硬體以及節省成本，且由於單晶片是多種電子元件的整合，因此整合度非常高。

> 本文參考與圖片引用出處：
>
> * https://zh.wikipedia.org/wiki/%E5%8D%95%E7%89%87%E6%9C%BA

12.6 單晶片系統與硬體木馬概說

了解了單晶片的基本概念之後，接下來，我們要來講解的是單晶片系統，單晶片系統又被稱為片上系統（System on a Chip，簡寫為 SoC），SoC 的意義主要是把計算機或者是其他的電子系統給整合成單一晶片的積

體電路（PS1），例如下圖當中的 Apple M1 就是 SoC 的一個例子：

(此圖引用自維基百科)

一般來講，典型的單晶片系統具有以下的組成（PS2）：

1. 至少一個單晶片或微處理器、數位訊號處理器，但也可以有多個中央控制核心。
2. 記憶體可選唯讀、隨機存取、EEPROM 和快閃記憶體中的一種或多種。
3. 用於提供定時器訊號的振盪器和鎖相環電路。
4. 由計數器和計時器、電源電路組成的外部裝置。
5. 不同標準的連線介面。
6. 用於在數位訊號和類比訊號之間轉換的類比數位轉換器和數位類比轉換器。
7. 電壓調理電路以及穩壓器。

關於第五點，如通用序列匯流排、火線、乙太網路、通用非同步收發和序列周邊介面等。

至於單晶片系統各位可以參考下圖：

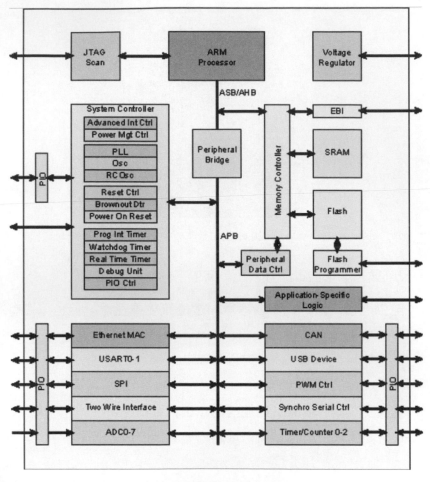

(此圖引用自維基百科)

　　所以從上面的內容當中我們可以知道，單晶片系統的整合規模很大，所以可以做的事情也就更多，例如像是處理數位訊號、類比訊號、混訊甚至更高頻率的訊號等也都可以，而在嵌入式系統當中也很常見到 SoC（PS3）。

　　了解了單晶片系統 SoC 之後，接下來我們要來看的是硬體木馬 Hardware Trojan。

　　所謂的硬體木馬（Hardware Trojan）其定義是指對積體電路的設計來進行惡意修改，並且出現惡意結果的一種行為，對於單晶片系統 SoC 來說，硬體木馬可以感染 SoC，並使得 SoC 在功能上出現變化，例如說降低計算機的性能，而最壞的結果則是洩漏資訊。

📝 本文參考與圖片引用出處：

- https://en.wikipedia.org/wiki/System_on_a_chip

- https://zh.wikipedia.org/wiki/%E5%8D%95%E7%89%87%E7%B3
  %BB%E7%BB%9F

PS1：本句引用自維基百科，並由作者修改，引用出處如上列網址。

PS2：以下引用自維基百科，並由作者修改，引用出處如上列網址。

PS3：本句引用自維基百科，並由作者修改，引用出處如上列網址。

12.7　半導體木馬簡介

　　本節所介紹的半導體木馬引用自論文《Stealthy Dopant-Level Hardware Trojans: Extended Version》，作者分別是：Georg T. Becker、Francesco Regazzoni、Christof Paar 以及 Wayne P. Burleson，而在這篇論文當中，作者們敘述了以摻雜的方式來感染半導體元件，讓我們來看圖：

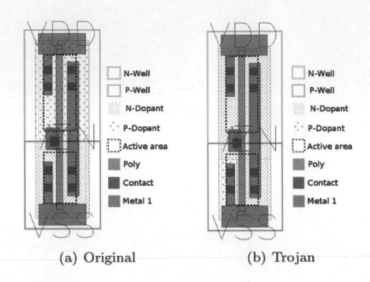

(a) Original   (b) Trojan

Fig. 1 Figure of an unmodified inverter gate (a) and of a Trojan inverter gate with a constant output of V_{DD} (b).

（此圖引用自論文）

在上圖當中，左圖 Original 表示修改前的情況，至於右圖的 Trojan 則表示植入摻雜木馬後的情況，兩者之間的差別就在於 N 與 P 的摻雜情況不同。

這隻木馬能夠降低產生在密碼學當中，金鑰（或者是密鑰）隨機數生成器（Random Number Generator，簡稱為 RNG）的熵，且重點是這 Trojan 還能夠使得被感染後的處理器逃過內建自我測試（BIST）以及美國國家標準暨技術研究院（NIST）的測試。

換言之，這種木馬的高明之處，與職業駭客們所玩的木馬一樣，全都具有逃避檢測的能力。

> 本文參考與圖片引用出處：
>
> • 《Stealthy Dopant-Level Hardware Trojans: Extended Version》作者為：Georg T. Becker、Francesco Regazzoni、Christof Paar 以及 Wayne P. Burleson。

PS：內建自我測試也被稱為內建測試 Built-In Test、簡稱為 BIT。

12.8 掃描電子顯微鏡簡介

掃描電子顯微鏡（Scanning Electron Microscope，簡寫為 SEM），是一種運用聚焦電子束來掃描樣本的表面之後，產生樣本表面圖案的一種儀器，圖示如下所示：

(此圖引用自維基百科)

掃描電子顯微鏡對於現代科學而言實在是太重要了，例如觀察同一個雪花晶體，使用光學顯微鏡（下圖左）與使用掃描電子顯微鏡（下圖右），兩者所呈現出來的結果也完全不一樣，各位可以觀察到，掃描電子顯微鏡可以更細膩地拍攝出雪花晶體的細膩結構：

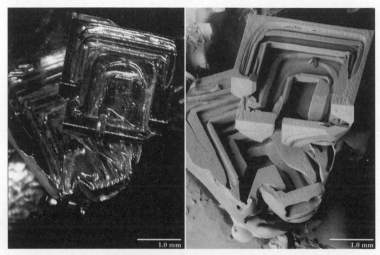

(此圖引用自維基百科)

正因為有了掃描電子顯微鏡，於是我們便可以針對我們所要觀察的對象有更深入性地了解，而在這些對象當中，有的對象是無生命的物質，而有的對象則是有生命的病毒或細胞，圖示如下所示：

七層聚酯纖維片

花粉

放大5000倍的硅藻.

愛滋病毒

人工上色的大豆囊線蟲及卵

螞蟻頭部

石棉纖維

南極磷蝦的複眼

南極磷蝦的小眼，磷蝦眼睛更高解析度的照片。色彩照片。

果蠅上身

果蠅複眼

人類白血球

在場電子發射SEM上進行的半導體製造中使用的光刻膠層的SEM圖像。這些SEM的高解析度能力對於半導體工業是重要的。

腎結石表面的SEM圖像，顯示從石頭的無定形中心部分出現的Weddellite（草酸鈣二水合物）的四方晶體。圖片的水平長度表示圖案原物體0.5mm。

通過光學顯微鏡（左）和SEM圖像（右）觀察到的相同深度的兩個圖像的雪花晶體。注意SEM圖像如何允許清楚地感知精細結構細節，其在光學顯微鏡圖像中難以完全得到。

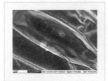
在洋蔥片內表面的表皮細胞。在shagreen樣細胞壁下面，可以看到細胞核和漂浮在細胞質中的小細胞器。鋨系染色樣品的BSE圖像在沒有預先固定，脫水或凝射的情況下拍攝。

葉片背面的氣孔。

(上圖均引用自維基百科)

> 📝 本文參考與圖片引用出處：
>
> • https://zh.wikipedia.org/zh-tw/%E6%89%AB%E6%8F%8F%E7%94
>   %B5%E5%AD%90%E6%98%BE%E5%BE%AE%E9%95%9C

12.9 積體電路的逆向工程概說

在講解逆向工程的基本概念之前，讓我們先來看個逆向工程的例子，假設你非常喜歡吃某間餐廳的水煮魚，有一天，你突然間心血來潮，想要自己親手製作跟餐廳一模一樣的水煮魚，於是這時候你便跑去餐廳問廚師水煮魚的材料、配方與製作過程。

廚師基於商業保密原則當然不會把水煮魚這道菜的材料、配方與製作過程全部告訴你，於是你只好當場跟餐廳把水煮魚這道菜給買回家，而就在經過你一番的苦心分析與研究之後，你終於發現到水煮魚的材料、配方與製作過程，像這種在沒有人告訴你水煮魚的材料、配方與製作過程的情況之下，你卻可以把水煮魚的材料、配方與製作過程給逆推回來，而像這種逆推回來的方式我們就稱為逆向工程。

了解了上面的情況之後，接下來讓我們回到半導體，我們在前面曾經說過，數位邏輯電路最後要製作成積體電路，情況如下圖左所示。

至於逆向工程的情況則是如下圖右所示，各位可以注意到，積體電路的製造過程與積體電路的逆向工程，兩者在方向上完全相反。

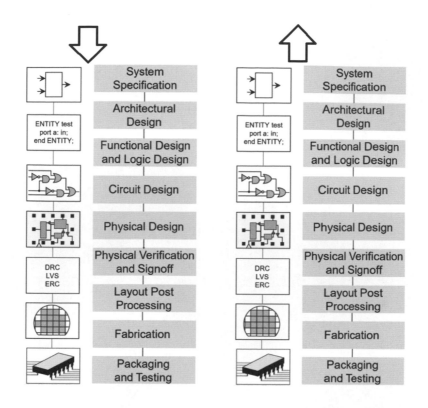

▲ 上面左右兩圖在本節中均為示意圖(均引用自維基百科)

　　對積體電路執行逆向工程的原因主要是想知道晶片的設計與結構,至
於過程則是非常複雜,首先得解開封裝,接著對晶片使用前面所說過的掃
描電子顯微鏡來掃描,並試著找出晶片的結構,最後把電路圖給拼出來,
這工程非常浩大,通常只有設備齊全的專業半導體大廠才辦得到。

✎ 本文參考與圖片引用出處:

* https://en.wikipedia.org/wiki/Integrated_circuit_design